대한민국 명장이 직접 전수하는

한국춘란
가이드북

입문편

대한민국 명장이 직접 전수하는

한국춘란 가이드북

이대건 농학박사 지음

문예춘추사

머리말

모두가 난초로 행복한 삶을 위하여

난초의 역사는 2천 5백 년을 거슬러 올라간다. 유구한 역사 속에서도 고결한 아름다움과 천리를 가는 향기는 여전히 우리 곁에 머물고 있다. 중국, 일본, 대만 난초에 비해 한국춘란의 아름다움은 그 깊이와 넓이와 높이가 남다르다. 정신과 덕을 함양하는 수양의 영역에서, 삶에 활력을 불어넣어주는 취미의 영역에서, 현대인의 지친 삶을 위로하는 원예치료의 영역에서, 고부가가치의 생산성 있는 산업의 영역에서 우리를 행복하게 해주는 영초(靈草)이다.

안타까운 점도 있다. 역사와 전통의 깊이에 비해 그에 걸맞는 문헌과 이론 정립이 소홀했다는 것이다. 춘란 농가와 애란인들이 소장하며 볼 만한 필독서가 전무했다. 난초의 아름다움과 가치에 매료되기는 했지만 문화와 역사, 유전학과 재배생리학, 현장을 아우르는 변변한 책이 나오지 않았다. 그러다 보니 난초에 입문하려고 해도 쉽지가 않았다. 난초와 관련된 사람을 만나지 못하면 난초 정보와 기술적인 레벨을 높이는 데 한계가 있었다. 어쩔 수 없이 주변 산채인들에 의지해 한 걸음씩 내딛으며 입문하는 경우가 많았다. 물론 두 곳의 춘란 잡지사에서 정보를 제공해주기는 했지만 아쉬운 점이 있었다. 매월 발행되는 잡지로는 춘란 전체를 꿰고 이론과 기술, 실전까지 익히기에는 어려움이 많았다. 현실이 이렇다 보니 난초의 매력에 빠져도 잘 기르기 어려웠다.

난초에 발을 디딘 많은 사람들이 어떻게 키워야 할지 기준조차 잡기 어렵다고 들 한다. 사람마다 해주는 소리가 다르다 보니 어떻게 해야 할지 갈피를 못 잡는 것이다. 난초로 의미 있는 결과를 만든 사람보다 실패한 사람이 더 많은 것도 초보자를 헷갈리게 했다. 사군자인 난초가 오히려 상처를 준다며 볼멘소리를 하는 사람이 많았다.

난초계의 안타까운 모습을 볼 때마다 내가 서 있는 자리에서 목소리를 높이며 문제를 해결하려고 노력했지만 역부족이었다. 그래서 용기를 냈다. 10여 년 동안 난초로 석·박사를 하고 대한민국농업초대명장이 된 노하우를 온전히 책에 녹여내려고 마음먹은 것이다. 30여 년의 현장 속에서 숱한 좌절과 아픔을 맛본 경험을 애란인들이 반복하지 않도록 해주고 싶었다. 잘 죽는다고, 속았다고, 어떻게 키워야 할지 모르겠다는 하소연을 더 이상 외면할 수 없어 책을 쓴 것이다. 나도 아직 미완성이지만 지금까지 배우고 익힌 것을 나누면 후회하는 사람들이 줄어들 수 있을 거라고 여겨 뛰어들었다.

한국춘란의 전체를 알려주기 위해 입문편과 전문가편으로 나누어 구성했다. 입문편에서는 난초에 막 입문한 사람들과 난초로 어떤 삶의 계기를 만들어보려는 이들에게 도움이 되는 정보를 실었다. 난초의 역사와 문화, 한국춘란의 기본지식부터 배양 기술, 나아가 재테크에 성공할 수 있는 비결을 실었다. 전문가편에는 한국춘란의 전문적인 지식과 기술을 망라했다. 두 권의 책을 배우고 익히면 실망하지 않는 애란생활을 이어갈 수 있을 것이라 자부한다.

입문편에는 내가 이 자리에 오기까지 삶의 여정을 실어놓았다. 이 책을 쓸 만한 자격이 있는지를 검증받는 과정이라고 여기면 좋겠다. 많은 사람들이 난초가 잘 죽는다고 하지만 실제는 그렇지 않다. 잘 죽지 않는다. 난초의 생리를 알고 어떻게 길러야 하는지를 알면 잘 자란다. 어떻게 하면 죽이지 않고 건강한 난초를 배양할 수 있는지 노하우를 실어놓았으니 하나하나 따라 하다 보면 재미도 느끼고 나아가 용돈벌이도 할 수 있을 것이다.

최근 설문조사에 의하면 많은 사람들이 기술 부족으로 인한 어려움을 토로한다. 그런데도 마땅한 곳이 없다고 여기는지 체계적으로 배우려 하지 않는다. 이제는 준비가 됐다. 한국춘란의 정체성과 이론 정립, 배양 기술, 그에 걸맞은 역사와 문화도 이해할 수 있는 교재가 생겼다. 배우려는 마음과 마음을 열고 받아들이겠다는 자세만 있다면 난초로 새로운 삶을 살아갈 수 있다.

수년 전부터 내 교육을 받은 입문자들은 이 책에 수록한 대로 실천하여 큰 성과를 내고 있다. 난초는 기적이라며 격앙된 소리로 기쁨을 나눈다. 그런 기쁨을 이 책을 읽는 입문자들이 모두 누렸으면 하는 바람이다. 바라기는 대한민국 100만 명 이상이 난초로 만족과 행복을 누리기를 기대한다. 그 꿈을 생각하기만 해도 입가에 미소가 번진다. 이 책이 그 꿈을 이루는 데 작은 밑거름이 되기를 소망한다.

2020년 따사로운 봄날, 관유정 서재에서

이대건 씀

열정과 실력으로 꽃피운 한국춘란 가이드북

　한국춘란 가이드북의 저자 이대건 명장을 만난 건 그가 배움의 길에 들어섰을 무렵이었다. 당시 늦깎이 학생이었던 그는 뭐가 그리 즐거운지 매사에 패기 있고 자신만만했다. 잠시도 가만히 있지 못하고 역동적으로 살아가는 모습이 보기에 좋았다. 한국춘란에 대한 열정도 대단해 궁금한 것이 있으면 참지 못하고 장소를 불문하고 질문하며 문제를 해결해나가는 모습 또한 인상적이었다. 전국대회 심사를 여러 번 같이 한 적이 있었는데 실력과 소신 있는 모습이 훗날 뭔 일을 크게 할 것 같다는 생각이 들 정도였다.

　세월이 흘러 이대건 명장이 농학박사 학위를 취득한 후에는 함께 한국춘란의 생리생태학에 관한 지식을 교류할 수 있을 정도의 차원까지 발전하게 되었다.

　그러던 어느 날, 한국춘란과 관련된 책을 썼다고 두 권의 원고를 건네주었다. 원고를 읽기 전 내심 조마조마했다. 제자를 바라보는 스승의 마음 때문일 것이다. 조금은 우려하는 마음으로 원고를 읽어갔다. 한 장 한 장 페이지를 넘기다 보니 우려는 사라지면서 오히려 내용에 흥미를 느껴 두 권의 원고를 단숨에 읽을 수가 있었다.

　나는 오랜 세월 한국춘란의 원예화 촉진을 위한 대한민국 난 등록위원회 창립,

이에 따른 대한민국춘란명감 발행, 《한국춘란(이론과 실제)》 저서 간행 등 난계 발전을 위해 힘을 써왔고 지금까지 교수로서 제자를 양성하고 연구하며 춘란의 이론과 저변확대의 토대를 마련하는 데 주춧돌 역할을 해온 것으로 회고한다.

그런데 이대건 명장이 기존 지식에 더해 현대인들의 마음을 움직일 수 있는 시각과 해석, 새로운 이론, 농장경영 노하우와 실전 기술까지 망라한 책을 펴낸 것을 보고 청출어람이라는 말이 떠올랐다. 그래서 입문편과 전문가편, 이 두 권을 잘 탐독하게 되면 한국춘란에 관한 모든 궁금증을 해소하여 난 생활을 해나가는 데 하나의 활력소가 될 것으로 판단하여 이 책의 일독을 추천하는 바이다.

아무쪼록 이대건 명장이 평생 연구하고 경험하면서 마음속에 담아두었던 난초에 관한 철학이 난계가 더 발전하고 저변이 확대되는 데 귀하게 쓰였으면 하는 마음이다. 이 책은 이대건 명장 개인의 책이라기보다 난계에 꼭 필요한 저서가 될 것으로 판단하며, 그간의 노력과 노고에 크나큰 박수와 위로를 보내며 앞으로 무궁한 발전이 있기를 기대한다.

2020년 戊春
경북대학교 명예교수
농학박사 정재동

한국춘란에 관한 가장 튼실한 저서

대구가톨릭대학 대학원 원예학과에서 이대건을 알게 되었다. 석·박사를 지도하며 느낀 것은 이대건은 한국춘란을 위해 태어난 사람이라는 것이다. 유전 육종과 조직 배양, 한·중 춘란 꽃의 형태와 원산지 판별법으로 학위연구를 할 때의 열정은 다른 학생들과 확연한 차이를 보였다. 포기할 줄도 물러설 줄도 모르는 불도저 같았다. 삶의 모든 연결고리의 마침표는 한국춘란이었다.

담당 교수로서 이대건 학생을 볼 때는 안쓰럽기까지 했다. 깡마른 체격에 그렇다고 삶이 안정적이지도 않으면서 한국춘란을 살리겠다는 사명감이 있는 것을 보면 이해하기 어려운 점도 있었다. 자기 혼자 발버둥친다고 크게 달라지지 않을 것인데 너무 무리하고 있다고 생각했다. 그래도 이대건 명장은 콧노래를 흥얼거리며 특유의 몸짓으로 국내외로 뛰어다니며 공부를 했다.

간절하면 이루어진다고 했던가. 이대건 명장은 한국춘란의 발전을 간절히 바랐다. 때로는 그 주장이 너무 강해 다른 사람들의 오해를 사기도 했고 시기의 대상이 되기도 했다. 욕받이를 할 때도 있었는데 그런 노력이 헛되지 않았다는 것을 두 권의 책 원고를 받아 들고 알게 되었다. 그의 간절한 바람이 두 권의 책에 압축

된 것을 보고 기뻤다.

이대건 명장은 거짓말을 못했다. 솔직하고 담백하고 의리까지 있었다. 그런 그의 마음이 책 속에 오롯이 녹아 있다는 것을 느꼈다. 자신이 가진 지식과 노하우를 아낌없이 쏟아부었다는 진심을 느낄 수 있었다. 자신만 알고 그 유익을 누리면 되는 것도 가감 없이 풀어놓은 것을 보고 이 책을 읽는 사람들이 복을 받는 것이라는 생각이 들었다.

한국춘란에 관심 있는 사람들은 앞으로 여기저기 기웃거릴 필요 없이 이 책 입문편과 전문가편 두 권이면 충분할 것 같다. 이대건 명장이 평생 공부하고 이룩한 모든 것이 담겨 있기 때문이다. 다른 데서는 들을 수 없는 소중한 매뉴얼과 기술들이 가득 차 있다. 찬찬히 두 권만 탐독해도 전문가 수준에 이를 수 있다는 확신이 들었다.

아무쪼록 한국춘란이 지닌 가치와 매력이 이 두 권의 책으로 많은 사람에게 전파되길 기대한다. 이 책은 그럴 만한 가치와 내용이 알토란처럼 튼실하다.

대구가톨릭대학 원예학과 명예교수
농학박사 고재철

차례

· 제 1 장 ·
나는 춘란으로 대한민국 명장과 자산가가 되었다

· 제 4 장 ·
한국춘란의 오장육부와 가계도를 파헤치다

· 제 5 장 ·
춘란 명장이 알려주는 원 포인트 배양 레슨

· 제 6 장 ·
춘란으로 재테크에 성공하는 비결

· 제 7 장 ·
춘란 명장이 짚어주는 입문자 가이드

주금화 여울

나는
춘란으로
대한민국
명장과
자산가가
되었다

뼛속까지 흐르고 있는 농업인의 피

　나는 대구에서 태어났다. 벼농사를 짓는 부모님과 낙동강 강가 유천동에서 어린 시절을 보냈다. 농촌에서 살아서 그런지 초록색이 좋았다. 초등학교를 다닐 때는 가방, 체육복, 신발까지 모두 초록색이었다. 이런 모습이 신기했는지 친구들은 나에게 '초록이'라는 별명을 지어주었다.

　열두 살 때 아버지께서 토끼 한 마리를 선물로 사주셨다. 소일거리를 만들어주신 것이다. 시간이 날 때마다 농사일을 돕기는 했지만 내가 책임져야 할 토끼가 생기자 마음이 달라졌다. 매일매일 토끼장으로 향했다. 먹이를 구하기 위해 산으로 들로 다니며 토끼를 길렀다. 토끼가 나의 동반자이자 친구였다.

　한 해에는 토끼가 새끼 50여 마리를 낳았다. 새끼가 너무 많아 혼자 감당할 수 없어 시장에 내다 팔았다. 많지는 않지만 내 호주머니에 돈이 들어오자 정말 기분이 좋았다. 토끼 한 마리가 어떤 결과를 가져다주는지 알게 된 소중한 경험이었다.

　중학교에 진학해서도 다른 과목보다 농업과 관련된 수업에 집중을 잘했다. 한번은 농업시간에 국화 꺾꽂이 수업을 했다. 국화 순을 잘라 모래에 심었는데 여린 국화 순이 수십 포기로 늘어났다. 참 신기한 광경이었다. 그 모습이 신기해서 선생

한국춘란 가이드북 입문편

님께 여러 가지 질문을 했다. 이를 눈여겨보셨던 농업 선생님은 농업고등학교 진학을 강하게 추천하셨다. 30~40년 후에 우리나라가 살 만해지면 농업이 비전 있는 직업이 된다고 말씀하시면서 말이다.

선생님 말씀대로 대구농림고등학교(현 대구농업마이스터고) 원예과로 진학했다. 열심히 공부를 해서 우수 농고생 영농지원사업(영농후계자 육성 프로그램)에 선정되었다. 리틀 영농후계자가 되어 정부지원을 받아 집에서 염소를 길렀다. 토끼를 기르던 때와 마찬가지로 염소 기르는 재미도 좋았다.

학교를 졸업하고 농업관련 회사에 재직하다 입대를 했다. 신기하게도 원예병으로 차출됐다. 주로 분재와 동양란을 중점적으로 관리했다. 그러다 부대에 난초(蘭草) 전문가가 있다는 소문이 들려왔다. 관심이 생겨 그곳으로 발걸음을 내딛었다. 내 인생이 바뀐 발걸음이었다. 그때는 한참 우리나라에 난초 바람이 불고 있을 1988년, 내 나이 스물두 살이었다.

난초 전문가가 있는 곳은 의무실이었다. 그분의 사택에는 한국춘란이 있었는데 다양한 춘란(春蘭)을 보고 그 신비에 흠뻑 빠졌다. 특히 녹색 바탕에 노란 줄이 선명하게 발현된 난초(복륜)는 내 마음을 단번에 사로잡아버렸다. 그때부터 난초와 제대로 인연을 맺었다. 이렇게 아름다운 난초가 우리나라에 자생하고 있다는 사실을 접하고 한국춘란을 공부하기 시작했다.

전역을 서너 달 앞두고 있을 때였다. 전문가님은 전역 후 한국춘란 가게를 해보라는 권유를 했다. 춘란의 매력에 흠뻑 빠져 있을 때라 그런지 가게를 열면 괜찮을 것 같았다. 그때 가게를 해보겠다는 결심을 하고 더욱 열심히 춘란 공부에 매달렸다.

1989년 4월, 전역을 했다. 70만 원의 종자돈을 모아 약 10평짜리 비닐하우스를 짓고 간판을 달았다. '진천원예', 당시 대구 남구(현 달서구) 진천동에 차렸다고 해서 지은 이름이었다. '기능사의 집 한국춘란과 꽃'이라는 부제도 간판에 새겼다.

작은 밑천으로 장사를 하려니 힘들었다. 얕은 정보와 기술도 삶을 고단하게 만들었다. 난초만 팔아서는 유지조차 힘들었다. 월세 10만 원을 보태려고 여름엔 냉차, 겨울에는 군고구마를 함께 팔았다. 산채를 가서 산반 하나라도 채란하면 간신히 세를 냈지만 밀리기 일쑤였다.

어느 날, 고객 한 분이 비수를 꽂는 말을 했다.

"총각, 난을 그렇게 몰라서 어떻게 장사를 해! 난을 제대로 배워서 해야지. 이웃 일본은 3~4대에 걸쳐 난을 연구하고 배워서 한다고, 이 친구야!"

그분의 말씀에 충격을 받고 첫 번째 사업을 눈물을 머금고 접었다. 이를 악물었다. 도서관을 찾고, 난 잡지, 난과 관련된 헌 책, 난원, 산채를 다니며 견문을 넓혔다. 훗날 재창업을 위해 낮에는 택시 운전을 시작했다. 밤에는 명품 난초에 멋지게 글(이름표)을 새겨 넣으려고 서예를 배웠다. 찾아간 곳은 천곡서예연구원이었다. 4년을 다녔다. 열심히 사는 모습이 좋게 보였는지 원장님은 크게 성공하라며 아호 '대발(大發)'을 지어주셨다. 가게를 차리면 이름으로 쓰라며 '관유정(寬裕亭)'이라고 멋진 글도 써주셨다. '너그럽고 넉넉한 분들이 쉬었다 가는 정자'라는 뜻이다.

| 우메모토 (출처 〈난과 생활〉)

난초 책을 보던 중 일본 흥화원(興花園)의 농장기사가 눈에 띄었다. 대표인 우메모토 님의 난초 품질은 최고 수준이었다. 내 마음을 더 사로잡는 내용은 자신이 난을 잘 기를 수 있었던 바탕은 농대에서 체계적인 기술을 배웠기에 가능했다는 이야기였다. 그 기사를 보고 나도 체계적인 공부를 해야겠다는 생각이 들었다.

당시 대구에는 '매란정'이라는 명성이 자자한 춘란 가게가 있었다. 대표인 고 백영관 사장님은 경북대학 원예학과를 졸업했다. 그야말로 학문

| 흥화원 (출처 <난과 생활>)

과 현장이 조화를 이룬 곳이었다. 그 모습을 보고 다시 한 번 체계적인 공부를 해야 겠다고 굳게 결심했다. 이론과 현장의 조화로 대구 제일의 춘란 기술자가 되겠다 는 마음을 먹은 것이다.

　어린 시절부터 농업과 떼려야 뗄 수 없는 삶을 산 것이 대구 제일의 춘란 전문 가가 되겠다는 포부로 연결됐다. 그것이 파란만장한 삶의 시작이라는 것도 모른 채 농업인의 피가 흐르고 있다는 사실만 믿고 인생의 항해를 이어갔다.

스승 찾아 삼만 리, 멀고도 험한 배움의 길

　일본으로 건너가 체계적인 공부를 하려고 했다. 특히 홍화원으로 가고 싶었다. 동경대 원예학과에서 배웠다는 기술을 나도 배워서 멋지게 성공해야겠다는 생각이 뇌리를 떠나지 않았다. 일본으로 건너갈 방법을 찾아보았다. 백방으로 길을 모색했지만 마땅한 해결책이 보이지 않았다. 돈도 없었다. 가지고 있는 것이라곤 배우고 싶다는 열정 하나였다. 밀항을 해서라도 가겠다는 의지를 주변에 이야기했다.

　내 소문을 들은 지역 선배 한 분이 "한국에도 좋은 스승이 많이 있는데 어렵게 일본으로 갈 필요가 있느냐?"고 했다. 그 말을 듣고 고민하다 일본행은 포기하기로 했다. 대신 대학에서 원예를 전공하고 현장 경험이 풍부한 대가반열에 오른 분을 스승으로 모시기 위해 찾아보기로 했다.

　첫 번째로 찾아간 곳은 매란정이었다. 기술만 배울 수 있다면 무급도 좋다고 했지만 입사를 하지 못했다. 두 번째로 정정은(구 영남난원 대표) 님을 찾아 나섰다. 정정은 선생님은 영남대 원예과를 졸업하시고 집에서 난을 기르고 계셨는데 실력이 대단하다고 대구에 소문이 자자했다. 제주도로 신혼여행을 가서 한란 개화주를 가지고 올 정도로 열정이 대단했다. 대학 시절 산채를 다니려고 승용차를 구입할 정도였으니 더 말할 필요도 없었다.

　당시에는 이론과 현장 기술을 접목시켜 나름 경지에 오른 분을 찾기 어려운 시기라 어떻게든 정정은 님의 제자가 돼야겠다고 생각하고 원서를 냈다. 하지만 선생님은 나를 받아주지 않았다. 당시 선생님은 볼링에 흠뻑 빠져 지내셨다. 나는 볼링을 통해 선생님과 가까워지고 싶어 볼링장에 취직을 하려고 했는데 그것도 쉽지 않았다. 그러다 운 좋게 볼링장에서 고향 선배를 만났고, 선배의 덕분으로 간신히 입사를 했다. 볼링장에서 함께 볼링을 치며 점점 물리적 거리를 좁혀갔다.

　볼링장에서 6개월 동안 눈도장을 찍고 간절한 마음으로 설득하는데 돌아오는 말은 청천벽력이었다. 난초는 직업이 될 수 없다는 것이었다. 난초로 직업을 삼으면 사기꾼 소리를 듣는다는 거였다. 당시 난초를 판매하는 많은 사람들이 신임을 얻지 못해 하시는 말씀이었다. 전수해줄 기술도 없다고 하셨다. 그래도 나는 물러서지 않고 6개월을 더 매달렸다.

　내 모습이 가상했던지 스승님은 나를 위해 영남난원을 차렸다. 난원을 차려야 난초기술을 가르쳐줄 수 있기 때문이라고 하셨다. 그렇게 해서 나는 스승님의 제자로 들어가게 되었다.

　무급으로 난원에서 허드렛일을 했다. 가장 많이 한 일은 난석 세척이었다. 난초와 관련된 아무런 기술을 배우지 못하고 6개월을 개똥 청소와 난석 세척하는 일만 했다. 기술을 배우고 싶은 열망을 이루지 못해 하루는 성의 없이 난석을 씻고 있었다. 그 모습을 본 스승님은 불같이 화를 냈다. 그런 식으로 난석을 세척하려면 집으로 가라는 것이었다. 나는 따지듯이 물었다.

　"난초 기술은 언제쯤 가르쳐줍니까?"

　돌아오는 말은 더 어이가 없었다.

　"기술이 없다고 했는데 네 발로 찾아왔잖아!"

　억울한 생각에 난석에 화풀이를 하며 마구 문지르며 씻어댔다. 그 모습을 보며

| 정정은 스승님과

스승이 하시는 말씀이 이랬다.

"이제야 제대로 하는구먼. 그래, 앞으로는 그렇게 빨아라."

당시에는 그 말씀이 너무 듣기 싫었다. 그런데 세월이 흘러 생각해보니 난석 씻는 그 방법이 최고의 기술이었다.

하루는 난실에 난초 도난 사건이 일어났다. 내가 범인으로 지목되어 파문을 선고 받았다. 스승님은 사제 간의 인연을 정리하자고 했다. 배운 것이라곤 난석 씻고, 청소하고, 가끔 난에 물 준 것밖에 없는데 파문이 된 것이다. 그것도 난초 도둑으로 몰려서 말이다.

억울하지만 난초를 배워야 했다. 나는 직원이 아닌 손님으로 온 것이니 착각하지 말라고 말씀드리며 매일같이 난실을 기웃거렸다. 그러나 난실을 찾아갈 때마다 내쳐지기 일쑤였다. 난실을 들락거리는 모습을 보던 스승님은 어느 날 나를 부르시더니 이렇게 말씀하셨다.

"난초가 그렇게 배우고 싶냐? 너같이 지독한 놈은 내 생전 처음이다. 이제부터 제대로 난을 알려줄 테니 잘 배워보도록 해라."

스승님은 그렇게 나를 다시 제자로 받아주셨다. 그때부터 하드웨어와 소프트웨어 기술을 차근차근 배워나갔다.

1994년 겨울, 스승님은 나를 불러 이렇게 말씀하셨다.

"이제 하산해도 되겠다. 그런데 사제 간에 같은 바닥에서 일하는 것은 보기에 좋지 않으니 내가 난계를 떠나겠다. 네가 원하는 대로 대구의 최고 기술자가 되어라."

스승님은 그때 난계를 떠나 현재까지 분재나라를 운영하고 계신다. 나는 매년 스승의 날이면 스승님을 모시고 예를 다하고 있다.

나는 스승님으로부터 독립해 1995년 3월, 5평 규모의 차고를 빌려 관유정이라는 간판을 달고 제2의 도전을 시작했다.

난계의 1인자가 되고 싶었다

　나는 기술에 배가 고팠다. 자본이 없으니 기술이라도 출중해야 된다는 생각으로 기술 배우기에 전념했다. 기술의 배고픔을 해결하기 위해 갖은 노력으로 정정은 스승님으로부터 많은 것을 배웠다. 드디어 난초를 보는 안목과 배양 기술이 대구에서 제법 인정받기 시작했다. 그래도 스스로 만족할 수 없었다. 아직 배워야 할 분야가 많았다. 대구에서 최고가 되려면 아직 가야 할 길이 멀었다.

　난초는 화예품(花藝品)과 엽예품(葉藝品)으로 나뉜다. 두 영역 모두 민춘란에서 변이된 종이 사람들의 이목을 끈다. 나는 어떤 민춘란에서 예쁜 꽃이 피고 어떤 잎의 초세가 더 예쁜가를 공부했다. 꽃은 색상을 정확히 감지해내고 잎은 줄무늬를 정확히 이해해야 했다. 그래야 화예와 엽예의 깊이를 이해할 수 있기 때문이다.

　나는 꽃의 색을 독파하기 위해 황화부터 배우기로 했다. 황화가 진짜와 가짜 꽃을 구분하기 제일 어렵기 때문이다. 색을 배우기 위해 대구 생화 도매시장에 취직을 했다. 눈만 뜨면 황색의 개념을 익혔다. 황색을 어느 정도 익히고 나니 다른 색상은 저절로 이해가 되었다.

　엽예는 중투가 최고의 인기를 누리던 시절이었지만 당시 중투 값이 가장 비싸서 차선책으로 복륜을 선택했다. 1997년부터 2001년까지 '한국춘란 복륜 전문점'

이란 간판을 걸고 연구를 해나갔다. 복륜 200~300분을 길러보니 그 깊이를 이해할 수 있었다. 복륜이 어느 정도 보이기 시작하니 중투도 저절로 이해가 되었다.

1999년경 나는 큰 기술 하나를 깨우쳤다. 바로 호를 중투로 만드는 기술이었다. 이 기술이 나를 '한국춘란 신지식인 1호'와 '농림축산식품과학기술대상'을 수상하게 했다. 이 기술과 관련된 에피소드도 있다.

난초에 대한 열정과 사랑이 대단한 어떤 분이 내 강의를 들었다. 그분은 나를 보며 딱하게 여겼다. 기술이 좋고, 열정도 있고, 착하게 사는데 삶이 잘 풀리지 않는다는 것이다. 그러면서 한 가지 제안을 하셨다. 내가 가진 기술로 자신을 감동시키면 이사비용 1억 5천만 원을 빌려준다는 것이었다. 당시 그분은 산채된 단엽성 호를 430만 원에 매입했다. 중투로

| 농림과학기술대상 수상

| 금메달

발전되기를 기대했지만 3년째 민춘란만 나왔다. 나는 그 호를 천공법(복강기법)이라는 신기술로 멋진 중투 신아가 나오게 했다. 그 기술에 감탄해 그분은 돈을 빌려주셨다.

나는 일본의 최고 기술자인 하라다씨를 농장으로 초청해 위 기술을 시연해보였다. 그러자 하라다씨는 깜짝 놀라며 한국의 젊은이가 어떻게 이런 기술을 가질

수 있느냐며 의아해했다. 일본에서도 이런 기술을 가지고 있는 사람은 없다며 대단하다고 입이 마르도록 칭찬을 해주었다.

1980년부터 2000년까지 일본춘란 자본이 우리나라를 좌지우지하였다. 1990년부터 2010년까지는 중국산 난들이 무차별적으로 침투해왔다. 중국산이 국산으로 둔갑해 애란인들을 혼란시켰다. 그 모습을 보고 솔직히 무섭고 두려웠다. 이들에게서 우리 난계를 지키지 못하면 나도, 난계도, 후계 난초 농업인들의 미래도 밝지 않다는 생각이 들었다.

내가 힘이 있어야 이들을 막을 수 있다는 생각에 실력과 능력을 향상시켜야겠다고 생각했다. 그런데 나는 자본도 없고 매출도 없었다. 나이가 젊어 세력도 없는 외톨이였다. 내가 승부를 걸 수 있는 것은 오직 기술력뿐이었다. 기술로 대한민국 최고가 된다면 내 말에 귀를 기울여줄 사람이 생겨날 것 같았다.

최고의 기술자가 되는 길의 시작은 좋은 스승을 만나는 것이다. 그리고 두 번째는 스스로 공부를 하고 기술을 연마해야 한다. 나는 현장에서 익힌 기술의 근본 원리를 파헤치고 싶었다. 내가 그렇게 생각한 이유는 심학보 이학박사님을 만났기 때문이다. 교수님은 "난초 기술은 과학이고 이를 응용해서 모든 기술이 존재한다"고 하셨다. 경험과 노하우만 있으면 될 줄 알았는데 과학적인 원리를 터득해야 응용도 가능하다는 것을 깨달았다. 그래서 대학 교수님들을 찾아다니며 궁금증을 해소하려고 발버둥쳤다. 심 교수님은 어느 날 이렇게 말씀하셨다.

"대발아, 그렇게 발품을 팔고 다니지 말고 네가 직접 대학에 가서 공부를 해보는 건 어떠니?"

최고 수준의 난초 기술자가 되려면, 원예학을 기반으로 재배생리와 유전육종 그리고 병리를 이해해야 한다고 생각해 교수님의 말씀을 따르기로 했다.

나는 대학 진학을 결정하고 2002년 방송통신대학 농학부에 들어갔다. 그리고 2003년에 구미1대학 원예과, 2005년에는 대구가톨릭대학을 다니며 공부에 매진

했다. 수업시간에 들은 내용에 궁금증이 생기면 식당까지 쫓아가 교수님께 묻고 또 물었다. 귀동냥과 눈동냥을 해가며 보낸 날들이 기술의 토대를 쌓는 데 도움이 되었다.

1995년부터 개발한 작은 기술과 매뉴얼을 합하면 지금까지 70여 가지가 된다. 그럼에도 배움을 게을리하지 않았다. 나는 예술품의 소재를 발굴하고 작품성 있는 난초도 생산해야 했다. 가짜와 위변조품을 식별하는 기술도 정립했다. 작품성을 평가하는 심사기술도 최고가 되도록 노력했다. 작은 실수도 줄이려고 일본 도요란(東洋蘭)을 5년간 받아가며 공부를 했다. 난계 최고가 되기 위해 치열한 싸움을 벌인 것이다.

숱한 고난과 실패가 오늘의 나를 있게 했다

1967년 달서구 서대구 시장에서 태어나 춘란으로 농업분야 명장 1호가 되고 수십 억대의 자산가가 되기까지는 파란만장했다. 누구나 그렇듯이 내 삶을 소설로 써도 몇 권은 될 정도이다. 명장이 된 후 내 삶이 방송을 타자 방송사에서 드라마로 제작하자는 제의까지 할 정도였다. 그렇지만 나는 정중히 거절했다. 내 삶이 드라마로 방영되는 것보다 더 중요한 일을 해결해야 하기 때문이었다.

내 삶의 흔적이 얼마나 드라마 같은지 한번 실타래를 풀어보겠다. 이전까지 이야기만으로도 파란만장하지만 굴곡진 내 인생을 보면 그건 조족지혈일 뿐이다.

첫 사업 실패로 나는 빈털터리가 되었다. 당시 유행하던 삐삐조차 없었다. 지인들과 연락도 하기 힘들어 꽃집을 전전하며 살아야 했다. 난초를 떠날 수 없어 산채품 감정을 해주며 식사를 해결했다. 삐삐 살 돈이 없어 삐삐 번호를 빌려 이용했다. 난초도 위탁으로 빌려 판매를 했다. 가게도 없어 교차로에 난초 정보를 올리고 판매를 하며 근근이 생활을 이어갔다.

1995년 결혼을 했다. 결혼 후 신혼여행을 가야 하는데 그 경비 300만 원으로 호화소심 한 분을 샀다. 신혼여행은 성공한 후에 가자고 아내와 약속한 후 개천난 상인회 판매전으로 향했다. 난초계에서 최고가 되겠다고 미쳐 있을 때였다. 그런

| 복륜 전문점

나를 이해해주고 응원해준 아내에게 다시 한 번 감사의 말을 전한다.

결혼 후 달서구 상인동에 작은 점포를 얻어 '관유정'으로 개업을 했다. 창업비용이 부족해 월 10만 원의 값싼 건물로 들어갔다. 야심차게 재기를 선언했지만 개업 두 달이 채 안 돼 상인동 가스폭발 참사가 일어났다. 가스폭발로 유리 파편이 튀어 난원은 큰 타격을 입었다. 상품성을 잃고 난초가 시름시름하다 고사하고 말았다. 징크스를 떨치려 이전을 결심했다. 권리금도 부담스러워 인근 신축 상가로 이사를 갔는데 신축 건물의 환경 호르몬과 옆 점포의 인테리어 시너 냄새로 대부분의 난초가 시들어갔다.

1997년 전세 보증금 2천 5백만 원을 챙겨 달서구 도원동 논을 임대해 60평짜리 작은 비닐하우스를 지었다. 인건비를 감당하기 어려워 내가 직접 지었다. 간판에는 '한국춘란 복륜 전문점'이라고 쓰고 복륜 연구에 몰두하려 했다. 야심차게 연구의 길을 걸어가려고 했지만 부실시공은 거센 바람을 견디지 못했다. 바람이 심하게 부는 날 비닐이 찢어지고 하우스는 날아가 버렸다.

극단적인 생각도 했지만 주변 고객들의 도움으로 다시 하우스를 지었다. 비닐하우스 안에 샌드위치 패널로 작은 공간을 만들어 생활을 했다. 전기장판에 몸을 의지하고 부탄가스로 라면을 삶아 먹으며 연명했다. 그런 열악한 환경 속에서도 공부는 게을리하지 않았다.

1998년 중국산 춘란이 국산으로 둔갑해 판을 쳤다. 많은 애란인들이 피해를 입고 난계를 떠났다. 하나 둘 난계를 떠나는 사람들을 볼 때마다 화가 치밀어올랐다. 내가 가진 기술로 중국산 춘란 감정 업무를 시작했다. 많은 수의 춘란을 감정해 주었고 다수는 제자리로 돌려보냈다. 춘란을 지키기 위한 일이었는데 주변 상인들로부터 위협적인 협박이 몰아쳤다. 그래도 나는 한국춘란을 지켜야겠다는 의지를 굽히지 않았다.

2001년 아파트가 들어서기 시작했다. 농장부지 주인이 땅을 판다며 이사를 가라고 했다. 이사할 자리를 구하느라 제때 이사를 하지 못했다. 그러자 주인은 단한 푼의 보증금도 돌려주지 않았다. 내가 이사를 늦게 하는 바람에 자신도 피해를 보았다는 것이다. 가족들과 나는 몇 천만 원어치의 난초와 함께 길바닥으로 쫓겨났다. 또다시 거지가 됐다.

나는 괜찮지만 가족들까지 길거리에 나앉는 것이 견딜 수 없어 고객들에게 도와달라고 애원했다. 그때 한 분의 독지가가 제안해왔다. 테스트를 통과한다면 도와줄 수 있다는 것이다. 또 테스트에 통과해도 네 가지 조건을 지키겠다는 약속을 하면 도와주겠다고 했다. 그 네 가지는 다음과 같다.

첫째, 내 눈에 평생 속이지 않을 사람으로 남을 자신이 있느냐?

둘째, 대학에 가서 한국형 재배법 매뉴얼을 체계적으로 만들 수 있겠느냐?

셋째, 너의 기술을 세상에 다 나누어줄 수 있겠느냐?

넷째, 마지막에 너의 기술을 모두 담은 책을 만들 수 있겠느냐?

나는 그 약속을 지키겠다고 선언했다. 그리고 그분 앞에서 최고의 기술로 시연을 해 극찬을 받았다. 그 기술이 바로 호를 중투로 발전시키는 것이었다. 그분의 도움으로 나는 2002년 수성구 지산동으로 이전을 할 수 있었다. 가족들도 월 10만 원짜리 단칸방에서 지낼 수 있게 되었다.

2002년 대구난연합회 주최 대회에 유정난우회 회원자격으로 중투를 출품했다. 감사하게도 영예의 대상을 받았으나, 갑자기 대상 수상이 취소가 되었다. 상인이어서 안 된다는 것이었다. 가슴 아픈 불이익을 받았다. 그럼에도 나는 이를 악물었다. 반드시 역전시킬 때를 만들겠다며 말이다.

2009년 석사를 마치고 났는데 몸이 이상했다. 병원을 찾았다. 생전 듣지 못한 길랑-바레 증후군에 감염되었다고 했다. 신경학적 질환인데 마비가 발생하며 사지 근육에 힘이 빠지는 증상이다. 석사 공부를 하며 너무 무리한 것이 이유였다. 다급히 경북대학교 병원 응급실로 갔지만 폐에 물이 차고 말았다. 잠시 사망 상태가 되었다가 극적으로 살아났다.

이후 중환자실 집중 치료실에서 45일간 식물인간으로 연명 치료를 받았다. 병상에서의 눈물겨운 투병생활이 시작됐다. 그런 과정에서 죽을 고비를 수도 없이 넘겼다. 기도 삽관의 끝이 혈전으로 두 번이나 막혀 사망 직전까지 갔다. 등창을 우려해 하루에도 뒤집기를 수십 번씩 해야만 했다. 의사는 내가 사투를 벌이는 모습을 보며 무엇 때문에 삶의 의지가 이렇게 강하냐며 아내에게 물었다고 했다. 나는 살아야 했다. 식물인간으로 있을 때도 살아야 할 이유를 분명히 알고 있었다.

주치의는 전동 휠체어를 구하라고 했다. 평생 휠체어를 탈 것이라고 농담처럼 말하면서 말이다. 하지만 투지와 끈기로 재활 치료에 성공해 걸어서 병원을 나올 수 있었다. 나는 죽음의 고비를 넘기는 병상에서도 난계의 발전을 고민했다. 100만 명 애란인을 만들어 그들에게 웃음을 주려는 꿈을 한 번도 내려놓은 적이 없었다.

2009년 퇴원 후 평생의 꿈인 국제 수준의 생산 설비를 갖춘 난실과 연구소를 짓고자 절뚝거리는 몸으로 현재 농장 부지를 매입했다. 당시 8억의 빚을 내 난실을 지었다. 야심차게 농장을 지었지만 다시 공부의 길로 들어서야 했다. 국내 최고가 되려면 공부를 멈추면 안 된다고 생각했다. 그래서 박사학위 공부를 시작했다.

중국산 판별법을 연구하기 위해 중국으로 향했다. 중국 산속을 헤맸고 국내 23개 시군을 돌아다니며 연구를 마쳤다. 내 손에는 박사학위가 놓여 있었지만 곧 부도위기에 처하고 말았다. 과도한 빚 때문에 이자를 감당하지 못한 것이다. 당시 난 값 하락도 어려움을 가중시켰다.

회사를 살리기 위해 백방으로 노력했다. 전국을 다니며 강연도 쉬지 않고 돈을 모았지만 역부족이었다. 회사를 다시 일으킬 방법을 찾을 수 없어 파산선고를 고민했다. 난계를 떠나야겠다는 마음을 홈페이지에 올렸다. 이런 소식을 접하고 전국에서 후원회가 조직되었다. 그분들의 도움으로 나는 다시 재기의 몸부림을 치기 시작했다. 눈물 속에서도 난계를 향한 비전을 이루기 위해 다시 마음을 다잡았다.

세상은 나를 이단아, 또는 선구자라고 부른다

나는 아무것도 없는 상태에서 한 몸 불사르며 난초 기술을 배웠다. 그 과정에서 수많은 사람들의 도움을 받았다. 한때 나를 도운 사람은 속이지 않고 체계적인 한국형 재배법 매뉴얼을 만들어 그 기술을 세상에 나누어주라고 했다. 그래서인지 난 기술을 배울 때부터 정도를 걷고 난계의 저변확대와 투명성에 사활을 걸었다. 너무 올곧은 목소리를 내다 보니 난계에서는 나를 이단아라 불렀다. 그러나 다른 측면에서는 선구자라고 불러주기도 했다.

2004년경 중투의 폭락 징조가 보였다. 무리하게 빚을 내 난에 투자하는 애란인들이 걱정돼 폭락 징조가 보이니 조심하라는 칼럼을 관유정 홈페이지에 실었다. 그날 이후 난계는 발칵 뒤집어졌다. 난계 질서를 어지럽히는 일이라며 수군거렸다. 수많은 사람들의 협박과 회유에 시달리다 결국 칼럼을 내릴 수밖에 없었다. 그럼에도 용기 있는 일을 했다며 순수 애란인들에게 많은 박수를 받았다.

난초 국전 전시회를 하는데 출품작을 심사하는 위원들의 자질이 의심스러웠다. 정확하게 판별하지 못하고 주먹구구식으로 심사하는 것을 목격했다. 그 모습에 실망해 과학적으로 난초를 판별하지 못하는 심사위원들의 자질에 대한 이야기를 홈페이지에 칼럼 형식으로 실었다. 그 칼럼도 난계 원로들 항의에 시달리게 했다. 이때도 용기 있는 글이라는 찬사를 많이 받았다.

대구에 난원을 개업한 곳이 있었다. 개업하기 전 방문을 해보니 중국산 야생 춘란을 한국춘란으로 속여 부당한 이득을 취하려는 것을 목격했다. 그 난실의 99 퍼센트가 중국춘란이었다. 충격에 빠졌다. 또 선량한 애란인들이 피해를 볼 게 뻔했다. 그 와중에 내가 3년간 공들인 고객이 중국춘란에 속아 난계를 결국 떠나고 말았다. 중국춘란을 속여 파는 행위를 묵인하다가는 많은 사람들이 난계를 떠날 것 같아 난원 앞에서 시위를 했다. 중국춘란을 팔지 말라고 말이다. 이로 인해 상당한 고초를 겪었다.

대한민국동양란협회 경남지회장 취임식이 열리던 날이었다. 그날 축사를 의뢰받아 참여했다. 지회장 취임식이 열려서인지 웃음이 그치지 않았다. 화기애애하게 취임식이 진행되고 있었다. 그 모습을 보며 나는 난계발전에 역행하는 분들과는 적대감을 가지고 대해야 한다고 역설했다. 난초의 저변확대에 실패해 난계가 망해가고 있는데도 책임 있는 분들이 그저 웃고 즐기기만 한다며 꼬집었다. 그 일로 여기저기서 된통 혼만 났다. 그 후로 나에게는 어떤 축사 의뢰도 들어오지 않았다.

| 히라미 회장 (출처 〈난과 생활〉)

일본춘란 업계의 대표 난원인 수락원 대표가 한국을 방문했다. 수락원 히라미 회장의 기술은 세계적이었다. 나는 그와 한번 좌담을 열어보고 싶었다. 그의 실력에 도전장을 내민 것이다. 나는 미리 통역을 구해놓고 그에게 정중하게 부탁하고 대담을 시작했다. 어떤 점에서 내가 대처하는 방법이 옳은지를 물었다. 그분은 차분하면서도 자세히 내 기술의 장점을 말해주었다. 많은 것을 배웠다. 그 과정에서 내 기술에 대한 자부심을 가질 수 있었다. 그날 대전을 일컬어 '하룻강아지가 범에게 길을

한국춘란 가이드북 입문편

묻다'라는 말이 회자됐다.

어느 날, 경남화훼연구소 빈철구 박사님으로부터 전화가 왔다. 미국과 유럽의 난 전문가를 초청해 난초 심포지엄을 하려는데 내가 한국대표로 참여하면 좋겠다는 내용이었다. 유럽에서 난초 신동으로 알려진 프랑스 국적의 베트남 활동가 사비에씨, 미국캘리포니아난조합 회장인 엔디이스턴씨가 온다고 했다.

나는 이날 한국춘란의 미학을 발표했다. 이 발표로 전문가들로부터 상당한 역질문을 이끌어냈다. 한국춘란의 우수함을 인식했는지 미국에서 태극선 1천 주를 주문했다. 꽃이 피기 20일 전쯤 된 것으로 보내달라는 주문과 함께 말이다. 사비에씨는 일광(주금화) 1천 주를 구해줄 수 있느냐고 관심을 보였다. 한국 대표로 참가해 수출까지 관심을 이끌어내 뿌듯한 순간이었다.

우리나라에는 난초가 탈이 나면 진단과 치료 및 수술과 입원 치료가 가능한 곳이 없었다. 난초 병원이 전무하다시피 했다. 그 모습을 보고 나는 난초 클리닉센터를 운영했다. 병이 든 난초 의뢰가 들어오면 처방과 처치를 하고 회복할 수 있는 공간을 따로 만들어 관리했다. 서툴지만 체계적인 계획을 세워 임했다. 치료설계와 처방전을 내고 직접 수술로 수많은 난을 살려냈다. 그 과정에서 난초병원 설립의 중요성을 다시 한 번 깨닫게 되었다. 이 역시 우리 난계가 안고 있는 과제이다.

난초를 판매할 때 뿌리를 보여주고 판매하는 사람이 없었다. 난초의 외형만 보여주고 난을 판매하는 것이 관행이었다. 하지만 난초의 건강 상태는 외형적인 모습만으로는 판단할 수 없다. 반드시 뿌리의 컨디션, 잎과의 비율, 저장 양분율을 체크해야 품질을 판단할 수 있다. 겉이 멀쩡해도 뿌리가 상해 있으면 얼마 지나지 않아 난은 생명력을 잃는다. 그래서 나는 뿌리를 보여주고 판매하는 방식을 도입했다. 20년 전부터 지금까지 이어오고 있다. 난 상인들로부터 비판을 받았지만 지금은 많은 난원들이 뿌리를 보여주고 판매를 하고 있어 뿌듯하다.

난은 장미꽃이 아니다. 무작정 아름다움을 강조해서는 난계의 미래를 보장할 수 없다는 생각이 들었다. 한국춘란에 대한 한국적인 아름다움을 규정하고 정의하지 않으면 난계는 무너진다는 생각으로 한국풍이라는 단어를 만들고 정의를 세웠다. 또한 한국적 아름다움을 실물로 보여주기 위한 작품 공정과 프로세스를 개발했다. 이 또한 반응이 점차 좋아지고 있다. 나는 난을 판별하는 심판기술도 디테일하게 개발해 이를 정량적으로 수치화해서 보급했다. 이것도 반응이 좋다.

한국춘란의 저변을 확대하려면 체계적인 강의와 감동을 선사할 수 있는 전시회가 필요하다고 느꼈다. 그래서 나는 그간 수십 회의 개인전을 치렀다. 지금도 매년 대구 엑스포에서 화훼류 프로들과 협연 형식의 개인 전시회를 하고 있다. 개인전은 대구 꽃 박람회 내에 부스를 만들어 치른다. 시장님과 국회의원을 비롯해 대구시민, 전국 곳곳에서 매년 5~6만 명이 관람한다. 이 전시회를 통해 한국춘란에 대한 인식이 확장되고 있다. 전시회 난초를 보고 입문하는 사례도 적지 않다. 작품 수준도 매년 높아져 이젠 단골 관람객 수도 수천을 바라보게 되었다.

내 별명은 한때 가위손이었다. 번식률을 높이기 위해 한 촉(난초의 포기 수를 세는 단위)씩 갈라 증식을 해 붙여진 별명이었다. 1995년 우리 난계에서는 다섯 촉짜리 한 포기가 1년에 1~1.5촉을 생산했다. 배양 기술이 부족해 더 많은 촉수를 생산해내지 못했다. 맨 뒤 늙은 촉은 쉽게 무너지고 각종 스트레스로 건강하지 못했다.

그러나 당시 일본은 다섯 촉짜리 한 포기로 1년에 3촉을 생산해냈다. 아주 보편화된 기술이었는데 우리의 현실은 그렇지 못했다. 그 이유를 분석했는데 그것은 바로 분주를 꺼리는 문화 때문이었다. 분주를 하면 고사할 확률이 높아 망설였다.

난초가 죽음에 이르는 과정을 분석해 기술을 덧입히고 조치했다. 그랬더니 3촉 이상을 생산할 수 있게 되었다. 그것이 바로 저촉분주 다산법이다. 당시 주변에서는 나를 보고 가위손이라 비아냥거렸는데 지금은 이것이 전국적으로 확산되었다. 지금은 보편화되었지만 당시에는 충격적인 기술이었다.

한국춘란 가이드북 입문편

나는 늘 한국춘란을 어떻게 저변확대시킬 수 있을지를 고민했다. 저변확대 마당을 깔기 위한 포석으로 슈퍼스타 K를 벤치마킹해 고용노동부가 주관한 2013년 대한민국우수숙련기술인 경합에 출전했다. 나는 춘란으로 당당히 명장부 1위에 올랐다. 대한민국숙련기술 홍보대사(국민스타)에 선정되어 1년간 방

| 명장 패

송과 언론 활동을 했다. 수많은 프로그램과 언론 그리고 CF출연 등을 하며 한국춘란을 세상에 알렸다.

나는 한국춘란의 기술발전과 저변확대를 위해 온몸을 불살랐다. 그 때문에 세상은 나를 이단아 취급했고 다른 한편에서는 선구자라고 불렀다. 앞으로도 나는 난계 발전을 위해 이단아가 될 것이고 선구자 역할도 기꺼이 감당할 것이다. 그것이 나의 사명이기 때문이다.

춘란으로 박사학위를 받고 명장의 반열에 오르다

조직배양이나 악성 위변조품 피해를 줄이고자 석사를 조직배양으로 했다. 한국춘란을 전방위적으로 이해하려면 조직배양은 필수적으로 공부해야 한다고 생각했기 때문이다. 석사연구가 막바지에 다다를 때 박사학위에 도전할 것을 결심했다.

논문 주제는 한국과 중국 춘란의 특성 분석으로 정했다. 지도교수님께서 쉬운 걸 하라고 만류했지만 나는 한국춘란의 미래를 위해서는 꼭 필요한 연구라고 생각해 도전했다. 당시 한국산으로 둔갑한 중국춘란에 따른 피해가 이만저만이 아니었다. 이를 어떻게든 바로잡지 않으면 난계의 미래는 없다고 생각해 내린 결정이었다.

팀을 꾸려 무작정 중국으로 떠났다. 원정대는 중국에서 공부한 제자 한 명과 보조요원 두 명으로 구성했다. 우리는 중국 정주공항으로 갔다. 현지의 친분 있는 조선족 한 명과 중국산지를 잘 아는 현지 가이드 두 명, 총 7명이 팀이 되었다.

우리는 하남성과 호북성을 넘나들었다. 낮에는 산속에서 밤에는 숙소에서 연구를 했다. 또한 중국의 난초 차세대 주자들을 인터뷰했다. 그들의 난실을 방문하며 중국 난초 문화를 하나하나 이해해갔다.

중국에서 귀국한 후 대청도를 비롯해 국내 23개 시군의 난을 조사했다. 연구 결과는 흥미로웠다. 모집단(母集團)인 중국의 춘란은 외형적으로나 유전자적으로 봐도 국산과 차이점이 있었다. 서해안과 동해안의 난초도 차이가 있었다. 내륙과 원거리 섬들의 난초도 차이가 있다는 것을 밝혀내 의미 있는 연구라고 자부한다.

박사학위 연구논문을 마치고 나니 자신감이 붙었다. 한국춘란의 저변확대라는

| 학위를 받던 날 농장에서

또 다른 꿈이 생겼다. 나 혼자 힘이 아닌 그간 수많은 사람들의 도움으로 춘란박사가 되었으니 그들에게 보답하는 길은 난계의 저변확대를 위해 노력하는 것이라고 생각했다. 그러려면 세상이 나를 주목할 수 있는 유명 인사가 되어야 했다. 그래야 언론을 통해 파급력 있게 춘란을 홍보할 수 있으니 말이다.

다양한 분들과의 교류를 위해 신지식인 모임에 들어갔는데 그곳에 두 분의 명장님이 계셨다. 명장이 되는 길을 조심스레 물었는데 명장선발 기준과 방법을 자세히 알려주셨다. 내가 가진 기술로 시뮬레이션을 해보니 어느 정도 가능성이 보

였다. 명장에 도전할 마음을 품고 준비를 시작했다. 2011년 11월부터 날밤을 지새우며 준비를 했다. 6개월을 매진한 끝에 대한민국 명장 535호로 합격했다. 농업인으로는 1호라는 영예도 한몸에 받았다.

명장이 되고 홍보를 하니 한국춘란이 임산물에서 농산물로 바뀌었다. 농업의 한 분야로 우뚝 선 것이다. 당시는 농업 숙련기술 분야에 대한 관심이 대단했다. 농업에 대한 관심이 커서인지 언론사의 인터뷰가 끊이지 않았다. 그때마다 한국춘란이 우리 농업의 미래에 미칠 지형도에 관해 설명하고 시민과 사회, 나아가 국가가 관심을 가져줄 것을 당부했다.

나의 평소 바람을 이야기했을 뿐인데 그 파급력은 대단했다. 평생 저변확대를 위해 발버둥친 것보다 명장이 되고 1년 동안 활동한 것이 더 효과적이었다. 한국춘란을 바라보는 정부와 농림부의 인식도 달라지기 시작했다. 그 모습을 보며 '아, 이래서 언론을 타야 확산이 빠르구나'라는 생각을 했다. 내가 조금만 더 노력하면 한국춘란의 저변확대라는 꿈도 이룰 수 있다는 확신이 들었다.

명장보다 더 영향력을 발하는 것을 해야겠다고 마음먹었다. 때마침 대한민국 숙련기술 홍보대사를 뽑는 공고가 났다. 2013년 국민스타(대한민국 숙련기술 홍보대사)를 선발한다고 했다. 성공스토리가 있는 우수 숙련 기술인 국민스타 명장을 뽑는다는 것이다. 나는 도전장을 냈고 당당히 스타 명장에 선발되었다. 그냥 명장 때보다 20배 정도 많은 대국민 언론 활동을 했다. 전국을 다니며 강연을 했고 CF도 한 편 찍어 전국적으로 5천여 회나 송출이 되었다. 이때 한국춘란을 비약적으로 알리게 되었다.

한국춘란에 입문하면서부터 궁금한 것이 참 많이 있었다. 나는 작심하고 궁금한 것을 파헤치며 연구했다. 그것이 명장의 자리까지 오게 한 밑거름이 되었다.

첫째는 저부가 아조 변이를 고부가 변이로 육성하는 방법이다. 이 기술을 개발해 신품종을 육성하는 데 큰 도움을 주었다.

둘째는 한국형 간편 재배법인 저압 습식법을 개발했다. 이 기술로 작황이 좋아졌다.

셋째는 중국춘란 판별법을 정립했다. 이 기술로 많은 피해를 줄일 수 있게 됐다.

넷째는 진위 감정을 위한 DNA 판별 방법을 발명한 것이다. 지금은 거의 모든 사람들이 DNA 감정으로 진위 여부를 판별하고 있다.

다섯째는 국수풍의 작품을 완성시킨 것이다. 이로써 난초의 가격보다 작품수준과 기술이 우대받는 문화적 기반을 조성하게 되었다.

어린 시절 한 마리 토끼로 시작해 30년 만에 의미 있는 결과를 만들었다. 농업계 고등학교에서 배출된 명장은 나 혼자이다. 농업고등학교가 농업마이스터고등학교로 바뀐 것은 농업명장인 나를 롤 모델로 활용해 농업 전문 인력을 양성하려고 국가가 만든 제도이다.

나로 인해 변화된 것을 보면 어깨가 무겁다. 난초 안 죽이는 방법을 연구하다 보니 너무 멀리 온 것 같은 생각도 든다. 저변확대의 꿈을 향해 도전하다 보니 지금 이 자리까지 오게 된 것이다.

자산가가 되기까지 그 흔적을 더듬다

1995년 3월 1일에 결혼을 했는데 신혼여행을 가지 못했다. 아내 손을 잡고 개천난상인회 판매전을 향해 가며 다짐의 말을 건넸다.

"오늘은 기술과 용기밖엔 없지만 30년 뒤에는 고급 리무진에 명품 시계를 서로 가질 수 있도록 할게. 그러니 힘들어도 조금만 참아줘."

결혼을 할 때 우리는 고졸부부였다. 25년이 지나서는 대졸부부가 되었다. 결혼한 날 약속한 대로 고급 리무진을 선물했다. 이 모두는 지독한 가난을 이겨내려는 간절함, 기술만이 살 길이라는 절박함, 난계를 지켜내려는 순수한 열정이 모여서 오늘의 나를 있게 한 것이 아닌가 싶다.

나를 보고 사람들은 "농장보다 장사가 더 체질에 맞는 것 아니냐?"는 질문을 한다. 장사로도 어느 정도 성공했다고 던지는 말이다. 그러나 나는 장사보다 농업이 더 적성에 맞다. 유통은 상업이고 생산은 농업이기 때문이다.

상업은 상품과 더불어 사람과 관계를 맺는 일이라 결과를 예측하기 어렵다. 95년과 96년을 거치며 유통과 알선으로는 성장할 수 없다고 생각했다. 기술이 있어도 유통을 하면 전국의 난초시장을 다녀야 해서 나는 연구하고 생산하는 농장을 선택했다. 농업(생산)으로 승부를 보려고 한 것이다.

농장을 하다 보니 난초 팔러 전국을 다닐 필요가 없었다. 난초가 스트레스를 받을 일도 상할 일도 없었다. 난초를 사달라고 영업할 시간에 책을 보며 공부를 할 수 있어 더욱 좋았다. 무엇보다 구색 갖추는 형식으로 이것저것을 취급하지 않았다. 나의 안목으로 전략 품종을 선정해 그 품종만 기르고 관리했다.

한때 시중에 없어서 못 판다던 몇몇 품종들은 옵션에 심각한 결함이 있어 보였다. 그래서 한 촉도 기르지 않았다. 결국 그 품종들은 치명적 결함으로 시장의 외면을 맞이했다. 유통과 알선에 치중했다면 경영학을 전공했어야 한다. 재배학과 유전육종학을 배울 이유가 없다. 그러면 지금의 나는 있을 수 없다.

관유정 농장은 백화점이 아니다. 백화점 내 입점한 브랜드점과 같다. 그런데도 나는 그동안 업계 최대인 67품종을 명명했다. 어린 나이였음에도 춘란의 깊이를 파악해 전략상품만 고집한 것이 이유라면 이유이다. 백화점은 망해도 로렉스는 망하지 않는다는 말이 있다. 이 평범한 섭리를 잘 간파해 생산으로 콘셉트를 잡은 덕에 오늘까지 올 수 있었다.

상업과 달리 생산은 기술이 뒷받침되어야 한다. 생산하는 상품의 품질이 완벽하지 못하면 헛일이 되고 만다. 설비 수준도 매우 좋아야 최고의 상품을 생산할 수 있다. 최고의 설비는 아무나 갖출 수 없기에 블루오션이라고 생각해 첨단 유리 온실을 지었다. 난초는 생산 기술력이 첫 번째, 우량 품종 선발이 두 번째 덕목이다. 이 모두는 원예학과 유전학을 잘 이해해야 가능하다.

나는 화예품을 주로 생산했다. 특히 제일 자신 있는 황화를 메인으로 설계해 회사를 운영했다. 엽예는 화예에 비해 생산성이 4배나 어렵다고 여겼기 때문이다. 그래서 엽예품은 가장 기르기 쉬운 복륜 위주로 연구 생산했다. 당시 난원 간판에 복륜 전문점이라고 표기했던 기억이 난다.

2002년 보증금도 못 받고 쫓겨나던 시절, 간신히 마련한 보증금 천만 원에 월 10만 원짜리 단칸방에 살았다. 그래도 그게 어딘가. 비닐하우스 안에 중고 샌드위치

패널로 만든 방보다는 나아서 행복했다. 전 재산 오백만 원은 집 보증금으로 써버리고 고객분의 도움으로 1억 5천만 원을 빌려 간신히 비닐하우스를 차리고 다섯 번째 도전을 했다.

달서구를 떠나 수성구에 농장을 차렸다. 사업은 서서히 궤도에 오르기 시작했다. 효과적인 농장경영을 위해 구조조정을 하며 '난 아카데미'라는 홈페이지를 개설했다. 하나하나 돈 들여 모은 춘란 수백여 분을 전국 최초로 무료로 분양했다. 신문고 '난 닥터 코너'도 운영했다. 많은 사람들이 '난 닥터 코너'를 통해 난초를 살려냈다. 이런 노력들로 회사는 활력을 찾아갔다.

1999년 대구의 한 난원에서 산반화를 35만 원에 입수했다. 4촉에 예쁜 산반화 한 송이가 마음을 사로잡아 구입을 결정했다. 잎이 무지(잎에 무늬가 나오지 않는 민춘란과 같은 난)여서 선물을 줘도 짐이 된다며 가져가지 않은 산반화였다. 그 산반화를 들여 내가 개발한 저촉 분주 다산법에 힘입어 2005년까지 100촉으로 늘렸다. 꽃도 아주 환상적으로 피었다. 그 산반화가 촉당 100~150만 원에 날개 돋친 듯 팔렸다. 20여 일 만에 9천만 원을 모았다. 그 돈으로 조그만 아파트를 장만했다. 훗날 그 아파트를 팔아 현재 농장 부지를 매입하는 데 보탰다. 35만 원의 기적이 일어난 것이다.

2007년 3월, 산채하면서 찍은 황화사진 한 장이 나에게 왔다. 한눈에 반해 바로 입수를 했다. 구입한 황화를 제자 중 한 명에게 공급했다. 이 꽃이 바로 원판 황화 원명이다. 공급받은 분의 법명인 원명으로 작명을 한 것이다.

나는 원명을 80촉까지 늘렸다. 2015년 3월, 두 송이의 예쁜 황화 꽃을 피워 전시회에 선보였다. 이 대회에서 황화의 역사가 새롭게 쓰이며 기록을 갈아치웠다. 촉당 500만 원 하던 게 1,800~2,000만 원까지 판매가 되었다. 원명을 팔아 회사를 정상화시켰다.

관유정 농장 사훈은 이렇다.

| 관유정, 이대발 난 연구소

'신용은 지키는 것이 아니라 만들어지는 것이다!'

난초의 특성을 이해하지 못하면 난초를 잘 길러낼 수 없으므로 신용은 빛을 잃게 된다. 신용은 기술력에 가치를 덧입혀야 생긴다. 가치경영도 뒷받침돼야 신용을 얻을 수 있다. 고객을 만족시킬 수 있는 기술력, 고객을 안심시킬 수 있는 믿음, 상도의에 입각한 도덕적인 경영이 조화를 이루어야 신용은 만들어진다. 이런 생각으로 나는 오늘도 농장을 꾸려가고 있다. 이것이 오늘의 나를 있게 한 비결이라면 비결이다.

춘란 저변확대를 위해 혼신의 노력을 기울이다

    22세에 난계에 입문했다. 내가 입문할 당시는 한국춘란의 부흥기라 할 정도로 호황이었다. 산채만으로 먹고사는 사람들이 있을 정도였다. 중투 한 촉을 산채하면 차를 살 수 있다는 시대였다. 너도 나도 산으로 향했다. 춘란이 돈이 된다는 소문에 전국 산야가 들썩였다.

    그러나 춘란계의 호황은 그리 길게 가지 못했다. 난인들의 비양심과 중국산이 국산으로 둔갑한 여파가 한국춘란계를 강타했다. 난계도 하나가 되지 못했다. 서로가 자기 주장이 옳다며 이전투구를 했다. 그러는 동안 애란인들이 서서히 발길을 돌렸다. 분명 고부가가치가 있는 산업이자 취미의 영역인데도 새로운 인구를 유입시키지 못한 것이다. 누구 하나의 문제가 아니고 잘잘못을 따질 수도 없다. 난계에 속해 있는 모두의 책임이다. 나도 다르지 않다.

    29세가 될 때까지 춘란 인구가 늘어나지 않음을 직감했다. 그때부터 인구유입 및 저변확대를 부르짖었다. 당시 산채 인구는 증가했다. 산채는 재배하고 감상할 수 있는 작품을 만들어 생산하는 생활 애란인이 아니라 헌팅이 우선이다. 산채해서 애란생활을 하는 사람도 있지만 대다수가 원하는 값에 판매하는 길을 택했다. 생활 애란인을 유입시켜야 희망이 있을 거라 여기고 29세에 칼럼을 쓰면서 저변확대를 부르짖었다.

저변확대의 묘안을 찾던 중 교육이 답이라고 판단했다. 난초를 하는 사람들이 제대로 된 교육을 받지 못해 실패를 맛봤다. 당연히 만족도도 떨어졌다. 산채를 하든 돈을 주고 구입을 하든 잘 죽고, 잘 속았다. 체계적인 교육으로 기술력과 안목을 갖춰야 사기를 당하지 않고 자신만의 영역을 만들어갈 수 있을 거라고 여기고 주경야독으로 공부하며 만반의 준비를 해나갔다.

2012년 어떻게 하면 강의로 난초 인구를 늘릴 수 있을지 고민했다. 그때 〈강연 100℃〉라는 프로그램이 방영되고 있었다. 그 프로그램을 보고 공개강좌가 효과적이라고 생각했다. 2014년 겨울, 한국의 중심지 강남으로 뛰어들었다. 강의 자료를 들고 강남구청을 찾아가 강의를 할 수 있도록 성사시켰다.

성공적으로 강의를 마쳤다. 자신감이 생겼다. 더 많은 사람들과 춘란으로 소통하고 싶었다. 하지만 그때 내 앞니는 가지런하지 못했다. 강의를 하려면 첫인상이

| 부산 시민 초청 강연

| 독일 기능올림픽 메달리스트들과의 방송 출연

중요하다는 생각에 앞니를 새로 덧입히는 시술을 했다. 생니 세 개를 뽑다시피 하며 덧씌웠다. 너무 아프고 고통스러웠다. 그래도 이를 악물고 참았다. 좋은 인상을 남겨야 좋은 강의로 이어질 것 같았기 때문이다. 이 모습을 보고 있던 교육생 강성훈 박사(원명 명명자/강훈 치과 원장)는 나보고 지독하다고 했다. 꼭 그렇게까지 해야 되느냐고 고개를 가로저었다.

나는 한국춘란의 저변확대를 위해서라면 더한 것도 감내할 정도로 투지가 넘쳤다. 이것이 계기가 되어 대구가톨릭대학에서 전국 모집의 공개강좌가 시작되었다. 지금도 이 강좌는 인기리에 지속되고 있다. 이 실적이 바탕이 되어 2020년 6월부터는 경상북도 일자리 창출과 도시농업 시범과정으로 경상북도 환경연수원에서 강좌가 시작된다.

난초 강의는 형이상학적인 내면의 예술적 오르가슴을 디테일하게 해석해 충분히 전달해야 울림을 줄 수 있다. 한 촉을 생산해 얼마에 판다는 가내농업(家內農

한국춘란 가이드북 입문편

業)적 요소로는 새로운 인구를 유입할 수 없다. 춘란은 고부가 가내 농업이라 자본 비율이 높다. 그래서 산업으로 접근하기 전에 문화적 깊이를 이해해야 쉽게 그만두지 않는다. 확신이 서지 않으면 난계로 발을 딛지 않는다. 그래서 재배 생리와 유전 육종은 기본이고 미술학과 작품 그리고 원예치료와 정신건강에 미치는 영향에 대해서도 충분히 이해시킬 수 있는 강의가 동반돼야 한다.

춘란을 이해시키고 울림을 주려면 반드시 세 가지 요소를 강의자가 꿰뚫고 있어야 한다. 원예치료적인 요소, 농업작물의 한 분야로 완전히 이해할 수 있는 요소, 미술학과 작품을 베이스로 하는 춘란의 종자성을 아는 요소가 준비돼야 한다. 나는 다행스럽게도 자격증을 모두 획득했다. 원예치료사 자격증, 도시농업관리사, 종자기능사를 취득하여 수강생을 만나고 있다.

강의만으로는 성이 차지 않아 신문칼럼을 써야겠다고 생각하고 대구매일신문에 노크했다. 산채 위주의 스포츠형 문화에서 생활원예인 재배형 문화와 작품 위주의 예술형 문화로 어젠다를 고급스럽게 만들어야 저변확대가 가능할 것 같았다. 난초 칼럼을 매주 1편씩 총 60여 편을 게재했다. 반응이 매우 좋아 스크랩하신 분들도 많았다.

1999년부터 난 아카데미를 설립해 강의를 이어오고 있다. 1인당 10만 원으로 시작한 개인 레슨은 벌써 20년을 가리킨다. 저변확대만이 난계를 부흥하게 만든다는 일념으로 강단에 섰다. 그 마음으로 지금도 저변확대를 위해 노력한다. 이 책을 집필하는 것도 나를 자랑하려는 것이 아니라 한국춘란의 진정한 매력을 알리고 저변을 확대하는 데 활용하기 위해서다.

춘란 명장의 마지막 꿈

나의 마지막 꿈의 첫째는 모두가 웃고 즐기는 국민춘란 시대를 열어나가는 것이다.

식당에 가면 흔히 보는 난은 선물용 동양란이다. 학교 교무실에도 사무실에도 동양란은 한 자리를 차지하고 있다. 대중화가 된 것이다. 그런데 한국춘란은 그렇지 못하다. 그 이유가 무엇일까? 분재와 같이 미술학과 작품을 베이스로 하는 예술적 디테일이 실종되어서다. 촉을 받아 판매하는 방식만 추구하면 깊은 오르가슴이 없어 한계에 직면하게 된다. 가내에서 함께 하는 반려자로 생각하고 예술품으로 격을 높여 원예치료와 힐링이 되어야 한다. 그렇다 보니 우리 국민은 한국춘란이 어렵고 너무 고가라고 생각하기 때문에 쉽게 다가서지 못하는 것 같다. 가격은 예전에 비해 많이 저렴해졌다. 또 조금만 이해하고 공부하면 토종이라 동양란보다 더 잘 자란다.

한국춘란의 저변을 확대시키려면 눈에 띌 정도로 예쁘고 저렴한 난초를 어디서든 손쉽게 접할 수 있어야 한다. 다육 식물보다 더 쉽게 기를 수도 있어야 한다. 그래야 난계에 입문한 초보자도 전문가도 상인도 모두 웃을 수 있는 환경이 되는 것이다. 저가 선물용으로 한국춘란을 주고받을 수 있는 생활 밀착형 문화를 만드는 것이 첫째 꿈이다.

둘째, 연간 1조 원대 선물용 동양란 시장에 저비용의 한국춘란을 진출시키고 싶다.

한때 주부들의 부업거리로 다육이가 인기였다. 많은 주부들이 다육이를 키우고 부수입도 올렸다. 한국춘란도 다육이처럼 대중화가 되어야 한다. 그러려면 한 포기도 에러가 없이 키울 수 있도록 배양 정보를 공유하고 환경적인 요소도 교육해야 한다. 손쉽게 한국춘란을 접하고 교육받을 수 있는 환경부터 만들어야 생활원예로 자리매김할 수 있다. 한국춘란의 매력이 어필되기만 하면 시장은 무궁무진하다. 700만 주부, 1천만 실버, 퇴직을 앞둔 베이비부머들과 귀농과 귀촌을 염두에 두고 있는 사람들에게도 춘란은 좋은 소재가 된다. 일자리 창출은 물론 농업의 한 분야로 우뚝 설 수 있다. 그러려면 간편 매뉴얼이 필요하고 교육시스템과 기반도 조성해야 한다. 난인들만의 문화에서 담과 문턱을 낮춰 일반인들에게 매력을 느끼도록 해줘야 한다.

연간 1조 원대 선물용 동양란은 대부분 대만에서 수입해 유통된다. 꽃집에서 구매해 선물하는 동양란은 5~15만 원선에 출하된다. 동양란 선물시장을 한국춘란으로 대체해야 한다. 그러면 수입대체와 더불어 일자리 창출도 가능해진다. 국산유전자원의 보급과 보존도 용이해진다. 노령의 도시농업인에게 의뢰하면 저가의 춘란을 생산하고 일자리도 만들 수 있다.

셋째, 전시회를 수준 높은 전람회로 만들고 싶다.

한국춘란은 여러 가지의 인문학적 요소가 가미된 예술이다. 취미를 넘어 예술의 영역이며 창작 예술이자 전시 문화의 장이다. 누가 보아도 감탄할 수 있는 요소가 담겨 있다. 실제로 춘란에 문외한들이 전시회에 오면 감탄사를 연발한다. 이렇게 아름다운 꽃이 한국에 자생하고 있냐며 되묻는다. 그 정도로 한국춘란은 매력적이다.

앞으로는 가격보다 작품을, 품종보다는 작가의 기술력과 공을 높이 사는 예술의 본질적 요소가 풍부한 수준 있는 전시회로 환경은 성숙할 것이다. 숫자보다 수준으로, 외국 것을 모방한 것이 아닌 순수 한국풍(K-orchid)의 아름다움을 겸비한 전시 문화를 선도해나갈 것이다. 곧 도래할 100만 애란 시대를 맞아 만반의 준비를 하고 대비할 것이다.

넷째, 품질 등급제를 정착시켜 정품시장을 지켜내고 싶다.

이미 누구나 유통을 할 수 있는 구조다. 그런데 내가 키운 난초를 얼마에 팔아야 하는지 스스로가 합리적으로 판단할 등급의 규격과 기준이 없다. 파는 사람도 사는 사람도 주먹구구식이다. 농장을 경영해보면 좋은 품질은 생산 원가가 몇 배로 더 든다. 그래서 자부심을 갖고 정당한 값에 팔면 외면당하기 일쑤다. 나쁜 품질을 싸게 파는 곳은 사람들이 넘쳐난다. 그로 인한 피해는 난계 모두가 짊어지는 형국이다. 모두가 피해자가 되는 것이다.

그렇다고 불량품을 팔거나 사지 말라는 것은 아니다. 불량품은 불량품이라고 말하고 사고팔자는 것이다. 그러면 입문자들이 몰라서 상처를 입는 경우는 없어질 것이다. 불량품이라도 경력자들에게는 좋은 기회가 되니 이 또한 필요한 부분이기도 하다. 합리적인 가격 기준을 정하고 투명한 유통체제를 만들어야 인구를 늘일 수 있다. 그러니 시장의 주체들이 머리를 맞대고 그 기준을 만들어야 한다. 자기만 살아남겠다고, 자기의 주장이 옳다고, 자신의 품종이 제일이라는 생각에서 벗어나지 않으면 난계의 미래는 어둠뿐이다. 입문자들을 사랑하고 아끼고 보호하는 마음도 중요하다. 관유정에서는 10년 전부터 품질 등급 기준을 만들어 사용하고 있는데 매우 합리적이라는 평가다. 하루빨리 품질 등급제를 정착시켜 정상품과 불량품의 상호 간섭을 종식하고 싶은 꿈이 있다.

다섯째, 선 교육 후 현장으로 가는 문화를 정착시키고 싶다.

난초는 대충대충 적당히 하기에는 너무나 많은 돈과 기회가 들어가는 영역이다. 난초로 의미 있는 취미문화를 즐기려면 꽤 많은 수고와 발품을 팔아야 한다. 그림(미술)도 기본을 이해하려면 대학을 4년간 다닌다. 바쁜 현대인들이 그런 수고와 노력을 기울이면서까지 난초를 배우겠다는 당위성을 찾지 못하면 제 발로 난초에 입문할 일은 없다.

그래서 쉽게 교육을 받고, 정보를 공유하고, 안전하게 구입하고, 수월하게 애프터서비스를 받는 체계를 만들어야 한다. 제대로 된 교육을 받으면 재미도 깊어지고 피해도 최소화할 수 있다. 병든 난초가 무엇인지 알고, 중국과 일본 난초의 특성도 꿰뚫으면 난을 구입해 길러도 손해가 적다.

요즘은 난에 대한 정보가 넘쳐난다. 그런데 난과 생활사에서 한 설문조사에서 많은 사람들이 차고 넘치는 춘란 정보를 믿지 못하겠다고 답했다. 이제는 공신력 있는 기관에서 체계적인 교육을 시킨 후 현장에 다가갈 수 있는 문화를 만들어야 한다. 그래야 낭비적 피해를 최소화할 수 있다. 앞으로 나는 이런 체계를 만드는 데 일조할 꿈이 있다.

여섯째, 몰라서 속고 속이는 악순환을 단절시키고 싶다.

난초는 유전적으로 변이라고 하는 결함을 가진 종을 선발해 더 나은 방향으로 만들어가는 고급 육종의 한 지류이다. 그래서 공부가 필요하다. 춘란에 대한 기본 지식이 있어야 아픔을 반복하지 않을 수 있다. 많은 사람들이 속았다며 속상해하는데 안타깝게도 속인 사람도 무엇 때문에 자신이 볼멘소리를 들어야 하는지 모른다. 피해를 준 사람은 없는데 피해자는 많다. 몰라서 속이고 몰라서 속는 악순환인 것이다. 이러한 현상은 제대로 된 교육으로 감소시킬 수 있다. 교육 부재로 인한 인재이다. 이를 단절시키고 싶다.

나는 위 문제를 해결하기 위해 소비자 보호 품질 등급제(이대발 소비자 보호 품질 등급 기준표, 2019)를 시행하고 있다. 불량품을 변별할 수 있는 제도적 장치를 마련해 악순환을 단절시키고 피해를 최소화하려는 시도이다. 예상보다 좋은 반응을 일으키고 있어 다행이다.

마지막으로 한국춘란의 저변확대에 대한 꿈이 있다.

저변확대만이 난계가 살 수 있는 길이다. 이제 도시농업은 시대적 운명이다. 지금까지 나는 저변확대를 위해 수많은 방법을 연구해왔다. 많은 수의 공정개발과 매뉴얼을 개발했고 전국적 강의를 해오고 있다. 강의를 들은 사람들의 만족도는 높다. 앞으로도 좋은 강의로 모두가 만족하는 취미와 농업, 산업으로 나아가려고 한다. 누구나 한국춘란에 입문해 잘 선택했다고 스스로 만족할 수 있도록 하는 것이 나의 꿈이다. 나는 그 길을 걷기 위해 오늘도 책을 붙들고 사람을 만나고 난을 대한다.

단엽중투 천종

제 2 장

춘란의
매력,
그 가치에
반하다

우리 민족 속에 흐르고 있는 난초 DNA

우리나라를 대변하는 이름 중 동방예의지국(東方禮儀之國)이라는 말이 있다. 동쪽에 있는 예의를 잘 지키는 나라라는 뜻이다. 중국인들이 우리나라의 특성을 파악해 한 말이라고 전해진다. 그만큼 우리나라는 예의를 중요시 여긴다. 그 이면에는 유교문화가 자리하고 있다. 나라에는 충성하고 부모에게는 효도를 해야 한다는 가르침이다. 유교를 숭상했던 선비들은 군자의 도를 지키기 위해 난초를 기르고 그 의미를 되새겼다.

조선시대에는 사군자의 하나인 난(蘭)이 선비문화 중심에 있었다. 선비정신은 인격적 완성을 위해 학문과 덕성을 기르고 대의와 의리를 위해 목숨까지도 버리는 것을 의미한다. 부끄러움 없고 깨끗한 삶을 살기 위해 힘쓰는 것이다. 난초가 가진 성질과 선비정신이 가진 의미가 흡사하다. 그래서인지 조선 후기에는 많은 선비들이 난초를 소재삼아 그림을 그렸다. 일명 묵란화이다. 추사 김정희, 선조, 이징, 조희용, 이하응, 민영익 등이 묵란을 그리며 선비정신을 가다듬었다.

조선시대뿐만 아니라 고려시대에도 난초는 선비들의 글감이고 시를 짓는 단골소재였다. 고려시대 이색은 이런 시를 남겼다.

"난을 내가 사랑하여 갑자기 두 눈이 밝아지네

| 난초 부스에 늘어선 행렬

엷고 푸른 잎은 흐트러져 있고 새로 피어나는 싹은 엷게 푸르구나
고요히 앉아 향기 오기를 기다리니 마음이 저절로 맑아지네."

근대의 가람 이병기 선생도 난에 대한 시를 남겼다.
"빼어난 가는 잎은 굳은 듯 보드랍고
자줏빛 굵은 대공 하얀 꽃 매달고
이슬은 구슬이 되어 마디마다 달렸네
본디 그 마음은 깨끗함을 즐겨하고
정(淨)한 모래 틈에 뿌리를 서려 두고
미진(微塵)도 가까이 않고 우로(雨露)받아 사네."

역시 선비정신을 이야기하고 있다.

선비정신은 우리 문화 곳곳에 담겨 이어져오고 있다. 역사에 한 획을 그었던 많은 인물들이 난초를 가까이 하며 그 의미를 되새겼다. 영전하는 사람에게 난초를 선물하는 문화도 우리 민족의 유전자 속에 난초 DNA가 흐르고 있어서일 것이다. 영전뿐만 아니라 취임과 이사를 할 때도 난을 선물하지 않는가? 본능적으로 난이 가진 매력을 알고 있어서일 것이다.

한때 모처에서 화훼류를 나누어주는 행사에 참여한 적이 있다. 여러 개의 부스가 있었는데 유독 내가 속한 부스만 길게 줄을 섰다. 4살짜리 꼬마부터 70대 노인까지 말이다. 어린아이에게 줄을 선 이유를 물었더니 "난초를 받아 가면 부모님이 아주 잘했다고 칭찬을 해줄 것 같아서요"라고 대답했다. 누가 가르친 것도 아닌데 아이가 이런 생각을 한 것은 유전자 속에 흐르는 난초 DNA 때문이라 생각한다.

한번은 한 아주머니께서 산에서 민춘란을 검은 봉지에 가득 채집해 농장에 들렀다. "왜 이토록 많은 난초를 채란해 오셨냐?"고 물었다. 아주머니는 "난초가 아니면 몇 개만 캤을 텐데 난초여서 다 캤다"라고 했다. "난초가 그렇게 좋나요?"라고 다시 물었다. 아주머니는 "난초는 일반 화초와는 달리 특별한 존재잖아요"라고 태연하게 답하셨다.

이 또한 난초를 다른 산야초와 달리 보는 DNA가 우리에게 흐르고 있어서일 것이다. 우리 민족은 희한하게도 남녀노소 할 것 없이 난초를 영초(靈草)로 여기는 것이 틀림없는 것 같다. 자신도 모르게 난초를 보면 가슴이 뛰는 것이다.

영전한 사람들에게 왜 난초를 선물할까

영전(榮轉)한 사람들을 축하할 때 주로 난초를 선물한다. 전보다 더 높은 직위나 좋은 자리로 옮길 때 마음을 담아 난초를 선물한 것이다. 김영란법(청탁금지법)이 시행되면서 고가의 난초를 선물하는 문화는 줄어들었지만 한동안 영전한 사람들에게 난초를 선물하는 것은 관행이었다.

그럼 왜 영전한 사람들에게 수많은 선물 중 유독 난초를 선택해서 보냈을까? 그건 난초가 사군자 중 하나이기 때문이다. 난초는 군자의 덕목을 잘 대변하는 특성이 있다. 특히 난초는 청렴과 인내, 고귀함, 그리고 충성심과 절개의 상징으로 대변된다. 전국시대(戰國時代) 초(楚)나라의 시인 굴원(屈原)은 절개와 충성의 시를 쓴 것으로 유명하다. 그것도 난초를 매개 삼아 말이다. 그 시가 많은 사람들에게 영향을 끼쳤다.

공자도 난초로 절개와 지조를 이야기했다.《공자가어(孔子家語)》에 있는 이야기를 보면 이해가 쉽다.

"지초와 난초는 깊은 산속에 자라며 사람이 찾아오지 않는다고 향기를 풍기지 않는 일이 없고, 군자는 도를 닦고 덕을 세우는 데 곤궁함을 이유로 절개나 지조를 바꾸는 일이 없다."

공자는 난초가 가진 의미를 글로 풀어내 사람들의 마음에 울림을 주었다. 공자가 이런 말을 할 수 있었던 것은 젊은 시절 만난 난초와의 인연 때문이다.

공자는 전국을 다니며 공부를 하다 뜻을 이루지 못하고 다시 노나라로 돌아온다. 돌아오는 길에서 잠시 쉬고 있을 때 어디선가 풍겨오는 향기에 매료돼 자신도 모르게 그곳으로 발걸음을 옮긴다. 향기는 바위틈에서 자라고 있는 난초에서 흘러나왔다. 공자는 그때 깨달음을 얻는다. 난초가 자신을 부르지 않았는데도 저절로 찾아간 것처럼 자신도 공부를 해 덕을 쌓으면 사람들이 저절로 찾아올 것이라 생각하고 노나라로 돌아가 학문에 매진한다. 난초가 4대 성인의 한 사람이 탄생하는 데 밑거름이 된 것이다.

난초를 선물하는 데는 주위에 선한 영향을 끼치라는 의미도 담겨 있다. 난향천리(蘭香千里)라는 말이 있다. 난초의 향기가 천리를 간다는 뜻이다. 난초의 향기는 은은하고 부드럽다. 향기가 깊어 뇌와 머릿속까지 정화하는 마력도 가지고 있다. 공자도 난초 향기에 매료돼 스스로 발걸음을 옮기지 않았는가? 이렇듯 난초가 풍기는 향기처럼 주위를 매료시키고 덕을 쌓으라는 것이다.

| 영전 후 선물로 받은 동양란

어디 그뿐인가? 난초에는 지란지교(芝蘭之交)의 뜻도 내포되어 있다. 이는 지초(芝草)와 난초(蘭草)의 사귐이라는 뜻으로, 벗 사이의 높고 맑은 사귐을 이르는 말이다. 비슷한 사자성어로 금란지교(金蘭之交)도 있다. 단단하기가 황금과 같고 아름답기가 난초 향기와 같은 사귐이라는 뜻이다. 역시 서로 의미 있는 관계를 맺으며 잘해보자는 뜻이다.

대중들은 개업이나 이전 선물을 할 때 동양란을 준다. 공자가 이야기하는 향기를 발하는 난초는 아니다. 화원에서 판매하는 동양란은 중국 남부 지역에서 서식하는 심비디움 속의 종류들이다. 춘란과는 꽃송이 수나 형태 및 향기에서 차이가 난다. 중국과 대만의 상류층에서 관상용과 선물용으로 기르던 것을 수입해 대중화한 것이다. 가격도 저렴해 많은 사람들이 애용한다.

| 상점 내부에서도 잘 자라는 한국춘란

한국춘란은 일반 동양란에 비해 부피는 작으나 그 아름다움에 깊이가 있다. 향기는 깊지 않으나 꽃의 자태나 색상, 표정, 그리고 잎에 나타난 줄무늬 등에서 인문학적 요소를 발견할 수 있다. 당당한 품격도 엿볼 수 있다. 우리 산야 어디를 가든지 만날 수도 있다.

그래서인지 선물받은 난들을 정리해놓은 것을 보면 어김없이 테이블 상단에는 항상 한국춘란이 자리하고 있다. 춘란을 알지 못하는 사람도 본능적으로 춘란의 매력을 알아차린다. 난(蘭)이 가진 그 깊이와 가치 때문에 한국춘란이 인기를 끌고 있는 것이다.

난초의 매력과 가치는 셈할 수 없다. 무궁무진한 가치와 매력이 난초 속에 담겨 있다. 취미와 예술, 원예와 부가가치를 안겨주는 것을 넘어 이상적인 인간상을 담아내는 매력이 난 속에 담겨 있다. 인간 삶의 희로애락이 담겨 있기에 누구나 난초의 매력에 빠져볼 만하다.

녹색 취미가 현대인에게 필요한 이유

현대인의 삶은 버겁다. 아침부터 저녁까지 혼신의 노력을 기울여도 성장은커녕 삶을 유지하기조차 어렵다. 최첨단화된 과학문명으로 생활은 편리해졌지만 심신의 스트레스는 가중되고 있다. 그래서인지 사회적 · 정서적 · 신체적 장애를 앓고 있는 사람이 많다. 각종 스트레스로 인한 우울증 · 공황장애 · 불면증에 시달리기도 한다. 버거운 삶을 잊으려고 발버둥치다 알코올에 의존해 삶을 망가뜨리는 일도 다반사다. 이런 현대인들의 삶을 안정시켜주는 데 녹색 취미가 적격이다.

사람은 쉼이 필요하면 여행을 떠나고 싶어 한다. 대지가 확 트인 초록의 공간으로 가고 싶은 욕구를 느낀다. 본능적으로 녹색 공간에 가면 스트레스가 풀릴 것이라고 생각한다. 정말로 녹색 공간에서의 쉼은 심신을 회복하는 데 좋다. 스트레스를 날려보내고 충전하는 데 녹색 공간만큼 효과적인 것은 없다.

사람은 나이가 들면 자연으로 돌아가 살려는 로망이 있다. 아파트를 떠나 단독주택으로 이사를 가려고 한다. 자연 속에서 평화와 안정을 누리며 여생을 보내려는 것이다. 이건 인간의 본능이다. 인간은 녹색 공간으로 들어가고 싶어 한다. 이런 본능을 미국의 생물학자 에드워드 월슨 교수는 '녹색갈증(biophilia)'이라고 표현했다. 녹색 공간에 있어야 안정감을 누리고 스트레스도 해소할 수 있다는 것이다.

월슨 교수의 주장에 원예치료사인 나도 전적으로 공감한다. 나는 우울하고 정신적으로 힘이 들면 난실로 들어가 대화를 나눈다.

"난초야, 난초야, 너는 참 좋겠다! 돈도 명예도 욕심도 필요가 없으니."

그러면 난초도 이런 말을 들려준다.

"내려놓으면 편안해질 거야."

이 정도 이야기하면 조금 이상한 사람이 아니냐고 반문할 수도 있을 것이다. 하지만 난초를 아는 사람은 충분히 공감한다. 난초와 대화를 하다 보면 마음이 정화되는 것을 느낄 수 있다. 난초와 마음 깊은 대화를 나누고 교감을 하다 보면 지친 심신이 회복되는 것이다. 눈의 피로도 녹색 풍경을 보면 풀린다.

난초는 다육이나 관엽 식물처럼 단순한 식물이 아니라 인간과 유일하게 친구, 애인, 스승이 될 수 있는 영초(靈草)이다. 예로부터 난의 종주국인 중국에서는 춘란을 마약류의 하나로 분류했다. 그 이유는 원예치료적 효능이 탁월해 한번 효과를 체험하면 자연스레 죽는 날까지 함께하기 때문이다.

요즘 원예치료라는 단어를 자주 접한다. 그만큼 삶에 지친 사람들이 많다는 증거다. 삶에 활력소가 필요할 때면 춘란을 가까이하면 좋다. 잎에 나타난 무늬를 보면 그 아름다움에 반하게 되고 작품성이 있는 난초는 재정적인 도움도 준다. 난초가 장차 피울 꽃의 색상이나 형태를 떠올리며 물을 주고 햇볕을 쬐어줄 때면 동반자 같은 생각이 든다. 이는 난초에 희로애락, 생로병사가 들어 있기 때문이다. 난초가 친구가 되기도 하고 인생을 일깨워주는 스승이 되기도 한다. 그래서 예로부터 난초를 가까이했던 것이다.

나는 학문적인 이론뿐만 아니라 경험을 바탕으로 삶이 지친 사람들에게 난초를 권한다. 가족이 가출한 것에 낙담해 알코올에 의존해 하루하루를 살아가던 J씨가 있었다. 삶의 희망을 잃은 J씨는 춘란을 만나고 난 후 달라지기 시작했다. 부정적인 시각이 긍정적인 시각으로 바뀌며 변화가 일어났다. 술도 끊고 새로운 삶을 향해 나아가기 시작한 것이다. 그런 모습을 옆에서 지켜보던 J씨의 어머니는 나에게 이런 질문을 했다.

"도대체 난초에 어떤 능력이 있기에 아들을 변화시킬 수 있었나요?"

나는 J씨의 사례를 한국원예치료협회 세미나 주제로 발표하기도 했다.

삶이 지치고 힘든가? 스트레스로 하루하루가 고단한가? 삶에 희망이 없어 다시 일어설 기운이 없는가? 그렇다면 춘란을 만나라. 춘란과 가까이하다 보면 심신이 회복되고 살아갈 희망도 발견할 수 있을 것이다.

춘란, 도랑 치고 가재 잡는 매력적인 취미

　춘란을 가까이하면 얻는 효과가 크다. 군자의 도리를 배울 수 있고 인내심도 기를 수 있다. 인생의 희로애락, 생로병사의 의미도 배울 수 있다.

　난은 하루아침에 훌쩍 자라지 않는다. 한 촉이 성장하는 데 족히 1년이 걸린다. 한 품종으로 작품을 만들려면 적게는 4년, 많게는 7~8년 가까이 인내하며 배양해야 한다. 그런 과정에서 인생의 진리도 터득할 수 있다. 인생사도 하루아침에 이루어지지 않는다. 꿈을 이루기까지 인내하며 도전할 때 마침내 인생의 열매를 거둘 수 있다. 난초도 같다. 인내(忍耐) 없이는 난초를 기를 수 없다. 그래서 난초를 배양하다 보면 삶이 깊어지고 성숙해진다.

　애란생활은 녹색 취미로서 원예치료 효과가 탁월하다. 자기를 돌아보는 계기를 만들어주고 마음과 정신의 치료, 심신의 안정감도 누릴 수 있다. 어디 그뿐인가? 취미생활, 소득 창출, 작품 활동 등 매력이 무궁무진하다.

　춘란은 취미활동으로는 최고의 영역이다. 인간이 취미활동을 하는 이유는 즐거움을 찾기 위해서다. 즐겁지 않고 괴롭다면 취미는 그 의미를 잃는다. 많은 사람들이 애란생활을 하는 것은 그만큼 즐거움을 주는 요소가 다양하기 때문이다.

　춘란이 주는 즐거움 중 으뜸은 배양 과정에서 느끼는 행복감이다. 동양란 중

변화가 가장 많은 것이 춘란이다. 특히 한국춘란은 배양하면서 많은 변화가 일어난다. 스스로 진화를 하는 것이다. 한 줄 호가 들어 있는 난이 중투로 발전하고, 빳빳해서 분에 올린 난이 단엽종으로 발전하기도 한다.

잎의 추세로 꽃의 화형을 가늠하고 확인하는 재미도 쏠쏠하다. 색화를 기대하고 배양하는 즐거움도 무시할 수 없다. 춘란은 계절마다 다양한 변화를 일으키므로 그 추이를 보는 것만으로도 즐겁다.

춘란은 봄이면 꽃이 만개한다. 춘란 꽃을 보면 그 아름다움에 단번에 매료되고 만다. 단아한 모습, 은은한 색감에 청초함까지. 꽃잎의 형태와 색감에 따라 다른 매력을 발산하니 한번 매력에 빠진 사람은 헤어나올 수 없다. 그래서 중독성이 있다.

신아(新芽-새로 돋은 싹)가 나올 때는 또 어떤가? 매일 난실을 드나들며 신아를 감상하는 재미는 이루 말할 수 없다. 신아의 형태가 꽃의 미래를 가늠하는 잣대가 되므로 돋보기를 들이대며 관찰한다. 이는 어쩌면 인간군상의 인생 스토리가 만들어지는 과정과 같다. 어린 시절의 삶의 모습으로 장래를 예측할 수 있는 것과 같은 이치다.

번식이 주는 즐거움도 크다. 다산을 해서 번식이 잘 되면 기분이 좋다. 상품성 있는 난이 건강하게 잘 자라 작품성을 갖추어가면 기쁨은 배가 된다.

나와 처음 인연을 맺는 과정에서의 즐거움도 크다. 산채를 가서 기대할 수 있는 난을 만났을 때의 기쁨은 몸의 호르몬까지 변화시킨다. 짜릿짜릿한 느낌은 좋은 호르몬을 분비시켜 건강을 선물로 준다. 작품계획을 세우고 개성 있는 옵션을 갖춘 품종을 탐색해 고르고 사는 기쁨도 있다. 미래를 기대하며 한 촉을 들이는 기쁨은 훗날을 위해 통장을 만들고 적금을 붓는 기분과 흡사하다. 기대하는 난초와의 첫 만남은 항상 설레고 기쁘다.

춘란의 또 다른 매력은 작품 활동을 통해 얻는 즐거움과 성취감이다. 난초를 하는 궁극적인 목적 중 하나는 작품을 만들어 만인에게 선을 보이는 것이다. 난초가 가진 특성을 잘 발현시켜 최고의 작품을 만들어 난계 사람들에게 인정받는 것을 말한다. 그 과정에서 숱한 실패와 좌절을 겪기도 한다. 난의 특성을 파악하지 못해 멋진 작품을 완성하지 못했을 때의 실망감은 이루 말할 수 없다.

그러나 난의 특성을 잘 파악해 세상에 하나밖에 없는 작품을 완성했을 때의 만족감과 성취감은 세상 무엇과도 바꿀 수 없는 기쁨이다. 흔한 태극선이라도 작품 설계를 하고 구상한 것을 크고 작은 위기를 기술적으로 극복해가며 만들어내면 세상에 하나밖에 없는 나만의 태극선이 되는 것이다. 난계에 자신의 이름 석 자를 각인시키는 명예도 얻는다. 두둑한 상품까지 챙길 수 있다. 무엇보다 자신의 가치가 올라간다. 입상한 난초 가격도 올라가 일석이조의 효과를 누릴 수 있다.

춘란을 배양하는 매력 중 빼놓을 수 없는 것은 바로 수익이 창출된다는 것이다. 용돈벌이에서부터 고수익의 즐거움을 안겨주는 것이 춘란의 세계다. 춘란이 도시농업의 한 축으로 각광받을 것이라는 이야기는 어제 오늘 이야기가 아니다. 많은 사람들이 춘란으로 고수익을 올리고 있어서다.

전업주부가 춘란으로 연간 1억을 번다는 이야기가 언론을 통해 공개된 적이 있다. 57세의 K씨는 춘란을 길러 고수익을 올린다. 가능성 있는 종자 한두 촉을 들여 작품성 있는 대주(난초의 포기 수를 세는 단위로 5촉 이상)의 난으로 만들어 판매한다. 주로 AT(한국농수산식품유통공사)센터에서 매월 열리는 경매를 활용한다. 그녀는 춘란을 기르는 재미를 이렇게 전한다.

"난을 바라보면 심리적 안정을 얻게 돼요. 난을 구입하는 사람도 그런 목적으로 사는 거죠. 원예치료와 힐링을 할 수 있는 기회거든요. 또한 동양문화의 한 축이라 친숙하고 어디에든 놓아두고 보고 즐길 수 있고요. 춘란은 황금알을 낳는 거위이자 녹색 보석이 될 거라고 확신합니다."

내 주변에도 춘란으로 연간 소득이 상당한 사람이 많이 있다. 도시농업으로 춘란을 선택해 고수익을 올린다. 용돈벌이서부터 고수익을 올리는 사람이 많다는 것이다.

아무튼 춘란의 매력과 깊이는 무한하다. 그야말로 도랑 치고 가재 잡는 쏠쏠한 재미와 즐거움을 안겨준다. 이 매력과 가치는 춘란을 가까이하는 사람만 느낄 수 있다. 그 즐거움을 모두가 함께 느끼고 누렸으면 하는 바람이다.

춘란으로 노후가 즐거운 원명회 이야기

　난초는 생사고락을 함께하며 우리와 호흡한다. 황혼기에도 난초는 인생의 소중한 깨달음을 선물한다. 노후의 무료함을 달래주고 잘만 하면 용돈 벌이도 된다.

　우리는 지금 100세 시대를 살고 있다. 과학기술과 의료기술 발달로 100세까지 수명이 연장되었다. 4차 산업혁명 시대에는 120세도 가능하다고 말한다. 물론 과학기술 발달로 위기가 불어닥칠 것이라고 우려하는 사람도 있다. 일자리를 잃는다는 것이다. 일자리를 잃으면 백수다. 청년, 중년에도 백수가 있지만 퇴직 후의 삶도 태반이 백수이다. 그럼 어떤 자세로 노후를 살면 좋을까. 인문학자인 고미숙 작가의 《조선에서 백수로 살기》라는 책에서 그 의미를 살펴보면 좋을 것 같다. 그녀는 책에서 이런 메시지를 전한다.

　"조선시대 양반은 원조 백수입니다. 과거를 통해 관직에 나가지 못한 양반은 노는 게 직업이었어요. 책을 읽고 글을 쓰고 난을 치며 풍류를 즐기는 인생. 앞으로 우리 모두 조선시대 양반처럼 살 수 있어요. 양반 계급이 노동에 종사하지 않고도 생활이 가능했던 것은 사농공상 중 농업, 공업, 상업에 종사하는 평민 계층이 있었기 때문이지요. 평민과 노비의 노동력을 수탈할 수 있었기에 양반은 자유를 누릴 수 있었어요. 이제 우리도 인공지능 로봇에게 생산 활동을 맡기고, 조선시대 선비처럼 살 수 있습니다. 인류 역사를 통틀어 가장 풍요로운 시기가 옵니다."

그녀는 인공지능 시대에는 누구나 조선시대 양반처럼 살 수 있다는 지론을 펼친다. 이 말이 의미가 있는 것은 노후의 삶과 밀접한 관계가 있기 때문이다. 축적해놓은 노후 자금으로, 그것이 준비되지 않으면 복지정책의 혜택으로 최소한의 생활비는 받을 수 있다. 그 돈으로 풍족하지는 않아도 모두가 양반처럼 살아갈 수 있다.

노후에는 풍류를 즐기며 사는 것이 모두의 로망이다. 경제적인 문제가 해결돼야 하는 과제가 있지만 욕심만 부리지 않으면 적은 돈으로도 얼마든지 풍류를 즐기며 살아갈 수 있다. 그 중심에 춘란이 들어 있다.

주변에 춘란을 가까이해서 노후가 즐거운 분들이 있다. 원명회 회원들이다. 2016년 당시 86세, 85세, 81세, 80세, 68세셨다. 이분들은 노후를 의미 있게 보내기 위해 내가 운영하는 난 아카데미에서 춘란을 알게 됐다. 어느 정도 춘란에 대한 배양기술과 정보를 알고 난 후 자신의 능력에 맞게 춘란을 구입해 길렀다.

원판 황화인 원명을 비롯해 자신이 좋아하는 춘란을 구입했다. 원명 위주로 길러서 원명회라는 이름을 붙이기도 했다. 본전 회수는 물론 모두 실패 없이 수익을 창출했다. 회원들은 매월 모여서 유명 음식점을 기행하며 식도락을 즐기며 지내기도 했다.

| 춘란으로 즐거운 노후

춘란으로 짭짤한 수익을 올릴 수 있다는 것을 안 회원들은 이구동성으로 이렇게 말했다.

"이건 기적이야, 기적!"

맛있는 음식은 사실 그리 대단한 것이 아니다. 무엇보다 회원들에게 도움을 주는 것은 노후의 무료함을 달래준다는 것이다. 경북대 명예교수를 지낸 J교수의 말을 들어보자.

"혼자 사는 데 좋은 친구입니다. 아침에 일어나면 난에 물을 주며 하루일과를 시작해요. 하루에 10번 이상 바라보는데 왜 난

| 원명

을 반려식물이라 하는지 알 것 같아요. 난초와 대화를 하며 적적함을 달래기도 하지요."

회원들은 춘란으로 조선의 선비들처럼 풍류를 즐기며 노후를 보내고 있다. 무료함을 달래고 부수입도 올려 즐겁게 살아간다.

춘란과 관련된 체계적인 교육을 받고 자신감이 붙었을 때 재테크에 도전한다면 누구나 원명회 회원들처럼 즐거운 노후를 보낼 수 있다. 한국춘란을 가까이하면 정신은 맑고, 신체는 건강하고, 주머니는 두둑하고, 입도 즐겁게 된다.

아파트 베란다가 환상적인 온실이다

어떤 일을 하든 적절한 수익을 내려면 초기 비용이 만만치 않게 들어간다. 한 달에 어느 정도 수입을 내는 사업을 하려면 사업장과 인테리어, 장비가 필요하다. 관리에 필요한 비용도 만만치 않다. 용돈벌이를 할 수 있는 일도 다르지 않다. 어떤 일이든 최소한의 초기 비용이 들어가기 마련이다. 하지만 춘란은 잘 배워서 체계를 갖추고 맞춤형으로 시작한다면 큰 비용을 들이지 않아도 된다. 생산 설비인 난실도 베란다를 활용하면 아주 좋은 배양장이 될 수 있다.

이상하게도 아파트에 거주하는 사람일수록 녹색 취미에 관심이 많다. 정원이 없는 회색 공간 속에서 살기에 본능적으로 녹색 갈증을 느끼기 때문일 것이다. 그래서인지 단독주택보다 아파트에 사는 사람이 난을 더 많이 기른다. 녹색을 보고 싶어 하는 본능이 작용해서다.

춘란을 키우려면 배양할 장소가 필요하다. 광합성을 할 수 있고, 적절한 온도를 유지하고, 통기도 필요하기 때문이다. 춘란은 동양란처럼 응접실과 실내에서 기르기에는 적합하지 않다. 광합성을 많이 시켜주어야 하고, 물도 여름에는 매일 주어야 하며, 적절한 온도를 유지하고, 통기도 필요하다. 이 모든 조건을 해결하는 데 안성맞춤인 장소가 바로 아파트 베란다이다. 베란다는 춘란이 자라기에 환상적인 간편 유리온실이 되어준다.

춘란이 도시농업의 한 축으로 각광받는 것은 베란다가 있어서다. 우리나라 주거환경은 지리적인 여건상 단독주택보다 아파트가 많다. 아파트에 거주하는 비중이 높지만 그래도 괜찮다. 작은 베란다일지라도 춘란이 자라기에 좋은 조건을 다 갖추고 있어서다. 실제로 도시농업으로 춘란을 기르는 사람의 90퍼센트 정도가 베란다에서 기르고 있다.

그럼, 어떤 점에서 아파트 베란다가 춘란이 살기에 최적의 조건이 될까? 첫 번째는 햇빛이 잘 들기 때문이다. 우리나라 아파트 구조는 대부분 남향이다. 풍수지리 영향도 있지만 사람은 햇빛이 잘 드는 곳으로 창을 내고 살아서 그렇다.

춘란도 햇빛을 먹고 산다. 최소한 하루에 5~6시간은 햇볕을 봐야 건강하게 자란다. 그런 점에서 아파트 베란다는 아주 좋은 환경이 된다. 일조 시간이 부족한 베란다여도 괜찮다. 형광등의 조명으로 광합성 시간을 늘리면 되기 때문이다. 요즘은 LED 식물등도 있어 광합성을 시킬 수 있는 환경을 임의적으로 만들 수도 있다. 다량의 직사광선을 받는 곳이라면 간편하고 편리한 차광제를 사용하면 된다. 사람도 따가운 햇볕을 직통으로 받으면 화상을 입듯이 난초도 직사광선을 그대로 받으면 화상을 입는다.

두 번째, 춘란은 물을 먹고 산다. 여름철에는 하루나 이틀 걸러 물을 줘야 한다. 흠뻑 줄수록 난은 좋아한다. 베란다에서는 얼마든지 물을 흠뻑 줄 수 있다. 배수 염려도 없다. 수돗물로 얼마든지 물을 주고 배수도 가능하니 이보다 더 좋은 곳을 찾기 힘들 정도다.

세 번째, 온도 조절도 어렵지 않다. 창문을 열어 온도를 조절하면 되기 때문이다. 아무리 더운 날에도 창문을 열고 환기를 시키면 춘란이 자라는 데 문제가 없다. 겨울을 나게 하는 데도 거실 창문으로 온도조절이 가능하다.

네 번째, 통기도 쉽다. 창문을 열어 바람이 통하게 해주면 되기 때문이다. 바람이 맞통하지 않아도 된다. 선풍기와 환풍기로도 얼마든지 환기와 통기를 시킬 수 있으니 말이다.

다섯 번째, 병충해가 적다. 베란다는 노지 환경보다는 청결하므로 건강한 난을 들이면 큰 병은 거의 걸리지 않는다.

아파트 베란다에서도 얼마든지 고가의 난을 기르고 즐거움을 느낄 수 있다. 아파트에 살고 있더라도 체계적으로 배워 정석으로 첫발을 내딛기만 하면 즐거움과 주머니까지 두둑해지는 행복감을 맛볼 수 있는 게 바로 춘란이다.

| 아파트 베란다 난실

한국춘란 가이드북 입문편

호랑이는 죽어 가죽을 남기고 애란인은 난초 이름을 남긴다

세상의 모든 생명체에는 종족을 번식하려는 유전자가 내재돼 있다. 본능적으로 자신의 유전자를 퍼뜨려 대를 이어가려 한다. 동물이나 식물뿐만 아니라 사람도 종족번식의 본능이 있다. 특히 자신의 이름을 남기고 싶어 하는 욕구가 누구에게나 있다. 한 분야에서 일가견을 이루고 자기 이름으로 된 흔적을 남기려 한다. 자신이 이 세상에 살다 간다는 흔적을 남기고 싶어 하는 것이다.

한국춘란을 가까이하면 자신의 이름으로 된 난초를 남기는 기회를 가질 수 있다. 사람이 자식을 낳고 이름을 붙여 호적에 올리는 과정이 춘란세계에서도 흡사하게 진행되기 때문이다.

춘란도 명품의 자질이 있는 난초를 자식의 이름을 짓듯이 지어서 등록할 수 있다. 이름하여 명명(命名)[1]이라고 하며 그렇게 등록된 품종을 '명명품'이라고 한다. 명명된 품종은 난인들이 그 이름을 일본, 중국, 대만, 한국에서 공동으로 사용하고 인식한다. 이것이 국가마다 행해지는 범국가적 신규 품종 발굴 사업이다.

동양란을 비롯해 춘란은 야생에서 자란 것 중 꽃이나 잎에 일반종과는 다르게 아름다운 특성의 예(藝)가 잘 나타난 것을 채집해 이를 다듬고 재배한다. 채집가가

---

1 생물이나 사물에 이름을 붙임

직접 기르기도 하고 전문 농장으로 분양해 전문가들 손에 배양되기도 한다.

　이때 유전적으로 안정성이 좋은 것을 선별해 나름대로 예명(豫名)을 붙인다. 그러다 전시회나 시합에 출품해 난계에서 인정을 받으면 명명의 기회가 주어진다. 이렇게 한 품종이 나타나면 그 이름이 춘란 생명이 다할 때까지 함께한다. 그 춘란을 명명한 사람의 이름과 에피소드까지 함께 길이길이 남는 것이다.

　한국춘란의 대부분은 우리 산야에서 나온 자연산이다. 자연 속에 자라는 우수한 종들을 발굴해 작품을 만든다. 50년 한국춘란 역사에서 야생 상태로 산채가 되어 증식된 품종의 수가 무려 10만 종에 달할 것으로 추측된다. 그중에서 우수한 품종은 족보를 만들어 등록되고 그때부터 한 국가를 대표하게 되며 명명자의 얼굴이 된다. 지금까지 명명된 종수는 약 3천 품종에 달한다. 명명된 품종 중 우수한 것은 이웃 일본과 중국에 수출되기도 한다. 자신의 이름으로 된 난초가 국경을 넘어 유구히 남는 것이다. 내가 명명한 천종이 일본으로 수출되었을 때 그 쾌감은 말할 수 없이 좋았다.

| 송매

　일본과 우리나라에서는 등록된 난초 중 엄격한 심의를 거쳐 각국을 대표하는 최고의 품종을 매년 뽑아 발표한다. 이를 '명감'이라고 칭한다. 그해의 국가대표로 선발되는 영예를 안게 되는 것이다. 춘란 분야의 국가대표는 특별한 사람만 될 수 있는 것이 아니다. 누구에게나 될 수 있는 기회가 있다. 다만 나라마다 난계가 인정할 만한 유전자적 특성을 가지고 나라마다

국수풍이 확실하며 자연생이든 교배종이든 이력이 정확해야 한다.

동양란의 종주국인 중국에서 최고로 치는 게 춘란 포레스티(*Cymbidium forrestii*)이다. 중국 춘란의 사천왕의 1번이 송매(宋梅)이다. 너무 잘생기고 향기가 좋아 우리나라와 일본에서도 꾸준히 사랑받고 있다. 청나라 건륭시대(1736~1795) 소금장수였던 송금선이라는 사람이 소금을 팔러 가다 잠시 쉴 때 망개 덩굴 밑에 핀 꽃을 발견했다. 이후 송금선 씨가 기르던 매화꽃을 닮은 난이라 하여 이름이 붙여져 200년이 지난 지금까지도 회자되고 있다.

나는 1995년 조일소로 시작해 2018년까지 67품종을 명명하였다. 업계 최다이다. 나는 산채품의 경우 들여올 때부터 태명을 붙인다. 기르다가 어느 정도 작품의 윤곽이 나오면 예명을 붙인다. 그러다 명명의 기회가 되었을 때 다른 명명품과 겹치지 않는가를 확인한 후 바로 등록 신청을 한다.

현재 우리나라는 대한민국난등록협회, 한국난등록협회, 한국난품종등록협회를 비롯해 세 곳에서 심의를 거친 후 명명이 확정된다. 나는 대한민국난등록협회 전문위원으로 활동하고 있다. 명명을 결정할 때는 다음과 같은 심사기준을 거친다.

'중복되는 품종이 있는가? 누가 봐도 국산이 맞는가? 필수 옵션을 잘 갖추었는가? 수상 이력은 어느 정도인가? 등록하고자 하는 계열의 룰에 부합하는가?'

이외에도 명명할 만한 가치가 있는지를 따져서 하나의 산채품이 품종화된다. 처음에 만난 주인이 명명을 하기도 하고, 저명한 프로들에게 보급해 그분들의 이름으로 명명을 하기도 한다. 여러 사람이 공동으로 명명하는 경우도 있다. 명명할 사람의 의도에 따라 단독으로 또는 공동으로도 가능하다는 이야기다. 주금화 '화성'의 경우 나와 다른 두 사람이 합쳐 3명이 공동으로 명명했다.

자연산으로는 세계 최초로 트리플 크라운의 위업을 달성한 '천종'은 2016

| 천종

년 10월에 나와 선배인 한국애란협회 초대회장인 류정열씨가 함께 명명했다. 난계에 좋은 품종을 등록했다는 일과 나의 이름이 좋은 품종과 함께 영원히 남을 거라는 생각을 하면 가슴이 벅차다. 다음 신품종도 준비를 마쳤다. 난계에 입문한 초창기부터 익힌 복륜 기술을 바탕삼아 산채품 복륜을 구해 길렀는데 예상을 빗나가지 않았다. 잎은 성체가 되어도 12cm를 넘기지 않는다. 금계열 산반 무늬에 복륜 잎이다. 거기에 원판, 심대복륜, 황색에 화근이 없는 아주 귀한 품종이 대기 중이다. 예명은 '산하'이다. 산과 물이라는 뜻이다.

자신이 몸담고 있는 분야에서 일가견을 이루고 있는가? 그렇지 않다면 춘란에 입문해보길 권한다. 혹시 아는가. 자신의 이름으로 된 난초가 생기고 그 이름이 후세에 길이길이 남게 될지. 춘란계에서는 그런 일이 얼마든지 가능하다. 지금도 그런 역사를 만들어가는 사람들이 수두룩하다.

난초는 취미를 넘어 문화의 장이다

난초의 매력은 취미의 영역을 뛰어넘어 문화의 장 역할도 톡톡히 해내고 있다. 문화란 무엇인가? 문화(文化, culture)의 사전적 정의는 이렇다. 한 사회의 주요한 행동 양식이나 상징 구조, 한 사회의 개인이나 인간 집단이 자연을 변화시켜온 물질적·정신적 과정의 산물. 즉 한 사회 구성원들의 삶 깊숙이 스며들어 삶의 질을 높여주는 것이다. 그 역할을 난초가 감당해왔다.

난초는 예로부터 사군자의 영역으로 선비문화를 주도했다. 선비들이 심신을 단련하고 정신을 수양하는 데 난초를 매개체로 삼았다. 자신의 학문을 정립하고 발전시키는 데 난초를 활용한 것이다. 난초가 좋은 글을 짓는 밑바탕이 되었고, 멋진 그림을 그리는 소재가 되기도 했다. 그렇게 난초는 학문이 진일보하는 데 일조를 했다.

선비문화에서 시작되었지만 지금은 특정집단과 특정연령층만의 전유물이 아니다. 난초는 10대부터 노년에 이르기까지 다양한 연령층이 함께 공유할 수 있는 문화이다. 난초를 사랑해서 배양하고 있다면 누구나 대화 상대가 되고 관계를 맺을 수 있다.

얼마 전 난 카페에 글을 올린 사람이 관심을 끌었다. 그 주인공은 다름 아닌 중

학생이었다. 이 학생은 학교가 끝나면 산으로 간다고 했다. 산에 가서 춘란 산채를 한다는 것이다. 아버지가 춘란을 좋아해서 자신도 춘란에 입문했다고 한다.

그런데 학생이 쓰는 어휘가 초보자 수준을 뛰어넘었다. 전문용어를 쓰면서 자신이 채란한 난을 자랑했다. 학생의 글을 보고 50, 60대 어른들이 함께 축하하고 의견을 나누었다. 학생이라는 이름만 빼면 여느 춘란 애호가들이 대화를 나누고 있는 것 같은 착각을 일으킬 정도였다. 그 정도로 난초는 다양한 연령층과 교류할 수 있는 문화의 장이 된다.

서로 비슷한 가치를 가진 사람들이 어울려 난우회를 조직해 함께 난초를 기르기도 한다. 정해진 날에 만나 친목을 도모하고 난에 대한 정보도 공유한다. 배양정보는 물론 난계 흐름도 나누면서 앞으로 나아갈 방향을 모색하기도 한다. 서로 마음에 드는 종자를 바꾸며 품종을 다변화시키고 업그레이드하는 통로로 활용하기도 한다. 무엇보다 혼자가 아니라 여럿이 함께하니 외롭지 않아 좋다.

난초를 매개체로 만나면 어느 누구나 친구가 된다. 직업에 따라 삶의 정도에 따라 차별을 받지 않는다. 난초가 이야기 중심이 되고 난초로 미래를 이야기한다. 서로 지란지교(芝蘭之交)하며 의미 있는 관계를 만들어간다. 그야말로 서로 마음을 터놓고 교류하는 문화의 장이 되는 것이다.

난초는 취미에서 웰빙으로, 웰빙에서 원예치료로, 원예치료에서 생산적 취미로, 생산적 취미에서 도시농업으로 변천에 변천을 거듭해왔다. 앞으로도 그렇고 내일도 조금씩 변해갈 것이다. 사군자 문화에서 시작되었지만 지금은 계층과 집단을 허물고 새로운 문화를 만들어가는 중심에 있다. 이것이 난초가 가지는 또 하나의 매력이다.

여기까지 읽은 후에도 의구심이 생긴 사람들을 위해 어원을 들어 설명해보겠다. 그러면 춘란이 왜 문화의 장이 되는지 이해할 수 있을 것이다. 춘란은 '농업'과 '원예'에 속한다. 둘의 사전적 정의는 이렇다. 농업(農業)은 agri+culture의 합성어이다. 농업과 문화가 어우러진 직업이라는 것이다. 원예에도 같은 의미가 내포돼 있다. 원예(園藝)는 horti+culture이다. 역시 문화의 한 영역이라는 뜻이다. 이렇듯 춘란은 사전적인 의미만 봐도 문화의 한 영역이라는 것이 증명된다. 우리 삶과 떼려야 뗄 수 없는 관계에 있다는 것이다. 그 장으로 한 걸음 내딛어보는 것은 어떨까? 그러면 문화인으로 삶을 살아갈 수 있을 테니….

두화소심 일월화

제3장

한국춘란, 그 깊이를 이해하다

난(蘭)의 역사를 더듬다

　난(蘭)의 시작점은 중국에서 찾아볼 수 있다. 제일 처음 난(蘭)이라는 단어를 쓴 사람은 공자인데 그의 시 모음집《시경(詩經)》에 난이라는 단어가 등장한다. 공자 이전부터 난은 존재했지만 난에 가치를 부여하고 의미화한 사람이 공자이다. 난에 군자(君子)의 의미를 부여한 것이다.

　공자 이후 전국시대를 살았던 비극의 시인 굴원은 이런 시를 남겼다.

　나는 이미 난(蘭)을 구완에 기르고
　추란(秋蘭)을 꿰어서 노리개 만들려고
　꽃과 잎이 무성해지기를 기다렸으나
　꽃향기 잡초에 덮여져 슬퍼라.

　난초가 군자의 충성심과 절개를 대변한 것이다. 굴원은 자기가 모시던 암군과 대립하다 돌을 가슴에 품고 미뤄강에 몸을 던지고 만다. 모든 사람들이 더러운데 자신만 깨끗했고, 모든 사람들이 취했는데 자신만 깨어 있어 버림을 받았기 때문이라고 말한다. 난이 품고 있는 가치대로 혼란한 시대를 살아낸 것이다. 그 뜻을

간파한 조선시대 사육신의 한 사람인 성
삼문은 굴원의 시를 보고 자신도 시 한
수를 적는다.

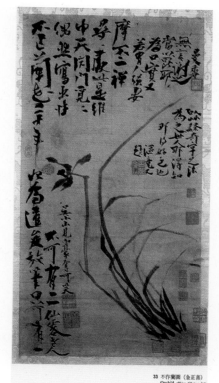

33 不作蘭圖 (金正喜)
Orchid (Kim Chŏng-hi)

| 추사 김정희의 부작난도(不作蘭圖)

대부(굴원)는 난초 수(繡) 놓인 띠를 차
고 있네.
난초 하나가 열 가지 향기와 맞먹으니
그래서 다시 보고 사랑하리라.

전국시대를 지나 송나라에 이르러서는
난이 지식인과 문인들에 의해 인격화되기
시작한다. 난향을 군자의 인격으로 인식했
고 난초의 푸르고 곧은 잎 추세는 황제에
대한 절의를 표상했다.
난이 우리가 알고 있는 사군자(四君子)
중 하나가 된 시기는 명나라 때이다. 난
초를 가까이 두고 사랑하여 세속에 오염되거나 절의가 꺾이는 것을 스스로 경계
했다. 그렇게 살아가는 것이 곧 군자의 도리라고 생각한 것이다.
중국 사상의 영향을 받은 우리나라는 난초의 가치를 담아 많은 사람들이 시와
그림을 그렸다. 추사 김정희는 〈부작난도(不作蘭圖)〉 그림을 그리고 그 옆에 이런
시구를 적었다.

난초를 안 그린 지 스무 해
우연히 그려진 건 천성 때문인가

문을 닫고 깊이 깊이 찾아갔더니

여기가 바로 유마의 불이선일세.

김정희의 시를 보면 우리나라에서 난을 대하는 태도와 가치를 엿볼 수 있다.

근대사 속에서도 춘란에 관심을 둔 인물이 많다. 1975년경 LG의 구자경과 삼성의 이병철 회장이 뛰어들었다. 고(故) 구자경 회장은 자신의 호인 연암으로 된 축산원예전문대학을 천안에 설립했다. 연암축산고등기술학교(현 연암대학교)를 설립해 화훼와 축산 전문 인력을 양성했는데 그 학교에 춘란 전용 온실을 지어 춘란을 길렀다고 한다. 이병철 회장은 일본 전문가에게 직접 춘란을 배웠다. "취미생활을 하더라도 생산성 있는 취미 활동을 하라"며 춘란을 권장할 정도였다. 그 외에도 많은 정치인과 연예인들이 춘란 문화 속으로 들어왔다.

춘란이 대중들 속으로 스며든 것은 1970년대였다. 일본과 교역이 활발한 부산이 중심이 되었다. 이후 한 갈래는 1975년경 대구로, 또 한 갈래는 1979년 서울 소심회를 중심으로 옮겨갔다. 1970년대가 한국춘란의 근대사 발원이라 볼 수 있다.

산지 중심으로도 난이 대중화의 길을 걷기 시작했다. 영남에서는 1977~1980년경 남해와 거제를 중심으로, 호남에서는 1983년경 함평과 목포를 거점으로 시작되었다고 한다. 우리나라 춘란 상인 1세대인 감재우씨의 주장이다.

한국에서 좋은 난초가 난다는 것을 일본에서 접하고 1985년경부터 히라미, 쓰미다, 쓰즈키씨가 한국춘란을 구하러 국내로 들어왔다. 86~87년 무렵부터는 하라다, 마쓰나가씨가 수입을 위해 들어왔다. 이후 명품 반열에 있는 아가씨, 사천왕 등 많은 난초들이 일본으로 수출되었다가 다시 우리나라로 역수입되는 진풍경이 벌어졌다.

1983년 12월에는 〈난과 생활〉 잡지가 창간되어 애란인들에게 다양한 정보를 제공했다. 1993년 12월에는 〈난세계〉가 창간되어 난계의 대소사와 정보를 담아

| 1970
발원기 | 1980
성장기 | 1990
팽창기 | 2000
성숙기 | 2010
도시농업기 |

| 난계 역사 흐름도

내기 시작했다. 곧은 절개와 청렴, 충성심, 인내를 상징하는 난이 생활 문화로 자리 잡은 것이다. 채집하는 재미, 사는 재미, 기르는 재미, 보는 재미, 파는 재미, 돈을 버는 재미가 어우러져 1990년부터 춘란의 부흥기가 시작되었다. 1997년 IMF 당시에는 대량의 실직으로 산채인구가 급속히 늘어나 많은 우수 종들이 산채돼 오늘에 이르게 되었다.

이렇듯 난은 2천여 년의 역사를 자랑하며 지금도 우리 곁에서 아름다운 자태로 함께 숨쉬고 있다.

한국춘란이란 무엇인가

    난(蘭) 이름에 담긴 뜻을 살펴보면 춘란을 이해하는 데 도움이 된다. 한자인 蘭(난)을 해체하면 艹(풀 초)와 闌(가로막을 난)으로 나뉜다. 가로막을 난은 門(문 문), 柬(가릴 간)으로 돼 있다. 드물고 귀한 풀이므로 가려서 키워야 한다는 것이다. 문을 가린다는 뜻도 있는데 보통 문은 동쪽과 남쪽으로 나 있다. 난이 동쪽과 남쪽에 많이 서식하는 것으로 해석한다.

| 3월 개화한 무변이 보춘화

춘란   하란   추란

춘란(春蘭)은 말 그대로 봄에 꽃
이 피는 난초라는 뜻이다. 사전상으
로는 보춘화(報春花)라고 불린다. 시
골에서는 꿩 밥, 토끼 밥으로 아직
도 불린다. 겨울을 지나 초봄이 될
때 먹을 것이 부족한 꿩이 춘란의
꽃봉오리를 따먹고 자라기에 불린
것이다.

한란   보세

한국춘란의 학명은 심비디움 괴링기(*Cymbidium goeringii*)이다. 일본춘란과 같
은 학명을 쓴다. 중국춘란은 심비디움 포레스티(*Cymbidium forrestii*)이다. 심비디움
(*Cymbidium*) 속의 난은 꽃 피는 시기에 따라 이름이 달리 불린다. 꽃 피는 시기가
3~4월인 춘란, 7~8월인 하란(夏蘭), 9~10월인 추란(秋蘭), 11월 쌀쌀할 때 피는 한
란(寒蘭), 12~1월에 피는 보세(報歲)가 있다.

우리나라 난초의 시작은 중국의 영향을 많이 받았다. 중국 난의 특징인 향기와
절개, 군자의 도를 선비사상과 연결해 해석했다. 그러나 엄밀히 따지면 중국춘란
과 한국춘란은 다르다. 특히 난향에서 차이가 난다. 중국 난초는 향기가 천리를 간

다 할 정도로 깊고 우아하다. 하지만 한국춘란은 향기가 그리 깊지 않지만 청향을 발산한다. 그 의미를 잘 대변해서 풀어놓은 글을 세종 31년 1449년에 강희안이 쓴 《양화소록(養花小錄)》에서 찾을 수 있다.

"우리나라에는 난혜의 종류가 많지 않은데 분에 옮긴 후 잎이 짧아지며 향기 또한 겨우 나는 정도여서 국향의 뜻을 잃는다. 그러므로 꽃을 본 자는 심히 좋게 생각하지 않는다. 그러나 호남연해의 여러 산에서 나는 것은 그 품종이 아름답다. 서리가 내린 후에 뿌리가 상하지 않게 자생지의 흙으로 싸주고 옛 방식에 의하여 분에 심으면 된다."

조선의 문신인 강희안은 원예에 조예가 깊었다. 그래서인지 춘란의 특징을 명확하게 찾아내 풀어냈다. 조선시대부터 한국춘란의 의미가 정립되었지만 본격적인 태동은 1940년 일제강점기 때이다. 일본인들과의 문화교류로 난 문화가 활발해지기 시작했다. 일본의 난초를 기르는 문화가 우리 문화 속으로 스며든 것이다.

1981년 수입자유화에 따라 동양란이 수입되면서 덩달아 한국춘란도 부흥기를 맞이한다. 물론 그전부터 춘란에 관심을 가진 사람들이 있었다. 이때는 특수계층의 사람들만 관심을 가지고 있었는데 자유화의 붐에 힘입어 대중화가 시작되었다. 그러다 IMF를 거치며 태풍 같은 시절을 맞이하게 된다. 이 시절 난초가 난다는 산마다 채란인이 바글바글한 정도였다.

한국춘란은 제주도에서부터 휴전선 근방까지 골고루 분포되어 있다. 예전에는 전라도와 경상도 지방에서 많이 서식했는데 근래는 설악산과 강원도 고성, 울릉도와 백령도에서도 춘란이 발견되었다. 중부 내륙지방에도 새로운 자생 군락지가 생성되었다. 남한 전역에서 춘란이 서식하고 있다고 보면 된다. 기후와 자생지 환경변화로 적응과 도태를 반복하면서 생장 번식이 적당한 곳으로 이동하고 있는 것이다.

춘란은 해발이 비교적 낮은 산에서 주로 서식한다. 경사가 완만하고 적당한 햇볕과 유기물이 풍부한 곳에 자생한다. 주로 동쪽과 남쪽 방향에 많이 자생하고 있다. 광합성에 유용한 환경이기에 그렇다. 춘란은 포자가 바람에 날려 새로운 지형에 안착하는 것이 특징이므로 이 특성을 이해하면 춘란이 서식하는 환경을 이해할 수 있다. 적당한 햇빛, 바람의 이동 경로에 따른 지형, 포자가 안착하기 쉬운 골짜기나 평평한 지역에 주로 서식한다.

한국춘란은 민춘란이라고 부르는 변이가 없는 종들과 아름다운 돌연변이를 가지고 태어난 변이종으로 나뉜다. 자연에서 스스로 교배되어 만들어진 씨앗이 자연 발아하는 과정 중 자연발생적으로 나타난 돌연변이 난초를 사람들이 채집한다. 그 난초를 애란인이나 농장에서 구입해 상품화해 보급하고 있다.

춘란은 야생 원종(자연산)과 인공적 교배나 육종기술에 의해 만들어지는 조직배양품(기내 or 기외 야생 파종-양식)으로 또 한 번 나뉜다. 여기서 중요한 것은 한국춘란은 반드시 자연에서 씨가 날아가고 야생종에서 탄생한 포기에서 발원해 영양번식에 의한 것만 인정한다는 것이다. 이것이 현재 문화이다. 춘란도 복제품을 엄격히 구분하는데 이를 속이면 처벌을 받을 수 있다.

한국춘란의 아름다운 변이종이 지속적으로 나타나려면 민춘란의 서식 밀도가 안정적으로 담보되어야 한다. 민춘란이 많이 서식할 수 있는 환경을 만들어줘야 하는 것이다. 그러니 산에 다니는 애란인들이 개화하기 전 꽃을 미리 까보거나 꺾어버리는 행위를 없애야 한다. 남획도 줄여야 한다.

일본과 중국 영향으로 우리나라는 1993년 사이티스(CITES-멸종위기 동식물 국제거래에 관한 협약)에 가입하면서 춘란의 불법적 남획은 법률로써 금지돼 있다. 그러나 산지 지역민과 춘란을 좋아하는 애란인들은 여전히 춘란을 산채하고 있다. 법의 규제를 받기 전에 애란인들이 먼저 우리 산야에서 나는 춘란을 아끼고 보호해야 한다. 그래야 한국춘란의 미래도 밝기 때문이다.

돌연변이 과정을 알면 변이종이 보인다

　　한국춘란을 이해하려면 난실에서 기르는 품종의 특성을 이해할 수 있어야 한다. 어떤 과정 속에서 인간의 사랑을 받는 난초가 될 수 있었냐는 것이다. 이 문제를 이해할 수 있어야 난초로 의미 있는 생활을 이어갈 수 있다.

　　우리나라를 포함해 동양 3개국은 꽃대 하나에 여러 송이의 꽃이 피는 한란 및 동양란들과 춘란을 엄격히 구분한다. 3월에 피는 1경 1~2화를 춘란이라 부르며 최고로 친다는 것이다. 나머지는 춘란보다 가치를 낮게 매기는 경향이 있다.

　　우리나라에는 130여 종의 다양한 난초가 자생하고 있다. 그 중에서도 춘란에 속한 인구가 제일 많다. 어림잡아 98퍼센트가 춘란으로 취미와 생산, 산업을 이어 간다. 난초 시장에서 한국춘란이 최정점에 있다는 말이다. 타 난류에서는 범접할 수 없는 특수한 인문학적, 미술적, 예술적 요소가 총 집합해 있기 때문이다.

　　춘란에 처음 입문하게 되면 민춘란, 즉 초록색이 기본인 난을 만나게 된다. 그러다 점점 시야가 밝아지면 좀 더 예쁜 체형의 민춘란과 가벼운 수준의 줄무늬가 들어 있는 것에 가치를 둔다. 그런 다음 알록달록한 반무늬를 거친 후 꽃으로 진입하는 수순을 밟는 게 보통이다. 그래서 한국춘란의 아름다움을 이해하려면 민춘란과 돌연변이를 이해할 수 있어야 깊이를 더할 수 있다.

변이종의 어머니는 민춘란이다. 우리 산야에 지천으로 자생하고 있는 민춘란에서 모든 게 시작된다. 이것이 곧 보춘화이다. 다른 난류에 비해 한국춘란에는 돌연변이가 가장 많이 나타난다. 돌연변이가 발생하는 원리는 이렇다.

한국춘란은 중국춘란에 비해 서식지 밀도가 제한적이고 고립되어 있다. 이는 1960년대 대한민국 전역의 산야가 헐벗어 민둥산으로 되어 있던 것에서 미루어 볼 수 있다. 난초는 적당한 그늘과 식생 조건이 맞아야 나타나고 살아간다. 민둥산에서 간신히 살아남은 난초들은 어쩔 수 없이 근친간의 교배나 스스로 자신간의 교배(자가수분)로 번식을 해야 했다. 근친간의 교배가 돌연변이의 원인이 된 것이다.

난초는 화분(꽃가루)이 아닌 화분괴(꽃가루 덩어리)로 번식한다. 화분괴를 옮길 수 있는 것은 벌뿐이다. 벌도 한 포기의 여러 송이 꽃들을 오가며 수분을 일으키는 경우가 많다. 같은 유전자로 수분을 일으키는 자가수분이 의도치 않게 일어나는 것이다. 이런 이유에서 돌연변이가 나타날 확률이 높다.

벌 이외에는 풍매(바람)에 의해 교배가 되는 경우도 빈번하다. 풍매 교배는 100퍼센트 자가수분 형식이다. 자기 수꽃가루 덩어리가 자기 암꽃주두에 들러붙어 종자가 만들어지는 흔치 않은 형태의 식물이라는 것이다. 그렇기 때문에 근친교배 삶을 살아갈 수밖에 없다. 특히 한국춘란은 유전자 타입이 돌연변이가 잘 발생되는 헤테르타입으로 일반종의 호모타입보다 월등히 돌연변이 발생 빈도가 높다.

실제 내가 연구한 결과에 따르면 흑산도, 울릉도, 대청도 등의 극단적인 고립에 처한 섬에서 조사된 유전자 타입들은 전방위로 조사하였음에도 초 근친간으로 연구결과가 나왔다. 그래서 섬에서 돌연변이 개체들이 많이 발생한다. 한국춘란의 대표적인 명화로 인정받고 있는 황화소심 보름달, 중투복색소심 천운소도 섬에서 채란되었다. 이외에도 다양한 명품들이 섬에서 발견되었다.

야생에서 가장 흔히 발견되는 변이는 미세하게 흔적을 남기는 산반류이다. 그

| 복륜

| 복륜에서 중투로 변이

다음 엽록체 결함에 의해 잎이 노랗거나 엷은 녹황색이나 흰색에 가깝게 나타나는 서들이 있고 엽록체가 거의 없는 유령(알비뇨)이 있다. 꽃을 가장 흔히 만날 수 있는 것은 소심과 기화이다.

한국춘란은 두 가지 타입의 돌연변이로 나뉜다. 세포 내 핵에서 발생되는 것과 핵 외 엽록체에서 발생되는 돌연변이다. 핵 돌연변이의 대표적인 타입으로는 화예에서 색화와 원판 및 두화 등 화형이 특수한 것과 기화나 소심 그리고 각종 색설화나 수채화 등이 해당된다. 엽예에서는 단엽, 환엽 등이 해당된다.

엽록체 돌연변이는 산반, 호, 중투, 복륜, 사피, 서반, 서산반, 서 등이 꽃이나 잎으로 나타날 때 해당된다. 여기에서 핵형(크로모좀) 돌연변이는 재현성(비가 오나 눈이 오나 유전특성이 잘 나타나는 성질)이 100퍼센트이다. 엽록체 돌연변이는 재현성이 높은 것도 있고 낮은 것도 있다. 그래서 중투에서 무지가, 무지에서 중투가 나타난다.

유전학적인 지식이 없더라도 위와 같은 돌연변이 과정을 알고만 있어도 한국춘란을 이해하는 데 도움이 될 것이다. 어떤 지식이든 그 밑바탕 원리를 알면 깊이와 넓이를 더해갈 수 있기에 설명해 놓았다. 돌연변이 과정을 알면 변이종도 이해할 수 있기 때문이다.

엽예의 품격을 이해하다

난초에 입문한 대부분의 사람들은 잎의 특성을 보고 매력을 느낀다. 초록색에 생기는 줄무늬나 얼룩덜룩한 무늬만으로도 설레는 것이다. 잎에 특성이 나타난 난초를 엽예품(葉藝品)이라고 한다. 엽예라는 말은 잎에 예술성이 가미된 특성을 말하는데 유전적인 특성에 의해 비정상적인 모습이거나 짧은(短葉) 형태, 잎에 줄무늬나 얼룩덜룩한 무늬가 나타난 것들을 말한다. 한국춘란은 타 난류에 비해 돌연변이가 잘 일어나는 편이라 야생에서 수시로 발견된다.

변이종이란 화훼산업 그 자체이다. 화원에서 손쉽게 대하는 대부분의 관엽류들도 자세히 들여다보면 작든 크든 대부분 잎에 무늬가 나타나 있다. 심지어 내가 살고 있는 대구의 수성못 화단에 심어놓은 맥문동에도 줄무늬가 있다. 우리는 줄무늬를 참 좋아하고 가까이에서 많이 접한다. 이런 현상은 모두 춘란에서 유래된 것이다. 난초가 문화적, 사회적, 정서적으로 우리에게 끼치는 영향이 그만큼 크다는 것이다.

나는 20년 전 호에서 중투로 발전시키는 연구 성과를 냈다. 그때 다른 육종 전문가들은 이해를 못했다. 그러나 지금에 와서는 앞다투어 줄무늬와 단엽을 만들려고 방사능까지 사용한다. 모두가 좋아하는 엽예로 상품을 만들려는 인간의 욕심에서 비롯된 것이다. 이 또한 엽예의 중요성을 알기에 나타난 현상이다.

| 우유색 복륜 | 노란색 복륜

한국춘란의 마지막은 화예(꽃에 예술성이 가미된 특성으로 돌연변이가 일어난 난초)품이라고 하나 엽예 없는 화예는 존재할 수 없다. 엽예를 이해하지 않고는 화예도 이해할 수 없다는 이야기다. 그래서 엽예에 대한 의미를 잘 살펴야 한다.

엽예에서는 줄무늬류가 가장 기본이자 인기가 높다. 이들은 중투와 복륜, 산반으로 나뉜다. 줄의 색상은 진한 노란색을 띠는 것을 나는 가장 아름답다고 여긴다. 가장 희소하기도 하다. 우윳빛의 흰색들도 있는데 노란색에 비해 흔한 편이라 가치를 높게 매기지 않는다. 요사이 인기가

| 노란색 중투

높은 얼룩덜룩한 계열은 호피(호랑이 무늬 형상)반과 사피(뱀 무늬 형상)반으로 나뉘는데 이들도 역시 진한 노란색을 최고로 치고 싶다.

이들 무늬류는 잎의 엽록체 돌연변이에 의해 나타난다. 황색 계열과 백색 계열로 나뉘고 각 계열마다 진한 것에서 옅은 것으로 분류된다. 진한 색, 보통색, 옅은

색의 3등급으로 나뉘는 것이다.

잎이 짧거나 둥글거나 특이하게 뻣뻣한 것들을 무지류라 한다. 이들은 옆 면적이 대체로 좁거나 잎의 각도가 서 있어서 광합성을 많이 못한다. 그래서 같은 조건하에서는 짙은 초록색일수록 옅은 초록보다 광합성 조건이 더 유리해 이를 더 좋게 본다.

잎 변이에서 가장 흔하게 마주하는 복륜 하나만 해도 줄무늬가 넓은 것에서 좁은 것으로, 잎의 최하단 벌브(구슬같이 생긴 구경)까지 깊숙이 줄무늬가 든 것에서 잎 끝에만 나타나는 얕은 것으로 나뉜다. 세부적으로는 무늬 색상, 무늬 두께, 무늬 깊이, 녹색의 농과 담, 잎의 두께, 잎의 장단(長短), 휨 정도, 색상의 선천성과 지속성까지 복잡하고 다양하다. 가장 흔한 복륜 하나만으로도 하나의 사회적 질서가 형성돼 있다. 수십에서 수백의 계층으로 나뉜다. 복륜 하나로만 평생 작품을 해도 다 못할 지경이다.

내가 이렇게 장황하게 설명한 것은 춘란의 깊이와 넓이가 그만큼 다양한 스펙트럼을 가지고 있어서 그렇다. 난초는 일반 화초가 아니기 때문에 자세한 설명을 하는 것이다. 글씨로 치면 단순히 글자가 아니라 전서(篆書), 예서(隸書), 해서(楷書), 행서(行書), 초서(草書) 즉 서예라는 의미이다. 이런 복잡다단한 과정에서 작품이 만들어진다는 것을 알고만 있어도 의미 있는 애란생활을 이어갈 수 있다. 그렇다고 너무 겁먹을 필요는 없다. 이 책 1권과 2권을 통해 그 깊이를 파헤쳐 이해할 수 있도록 도울 테니 말이다.

엽예품은 꽃으로 가는 전초전이 아니라 난초 문화의 근본이다. 하나하나 체계적으로 배우고 익히는 자만이 난을 통한 오르가즘을 제대로 맛보게 된다.

잎의 아름다움 기준을 알다

산에서 만나는 춘란의 잎은 긴 것은 1m에 달하고 짧은 것은 성촉이 돼도 5cm가 안 되는 것도 있다. 섬에 자생하는 춘란의 잎은 넓은 반면 내륙은 좁은 편이다. 전봇대처럼 직립으로 서 있기도 하고 겨울 봄동처럼 바짝 누워 있는 것도 있다. 골이 깊은 것과 얕은 것도 발견할 수 있다.

잎의 생김새도 천차만별이다. 똑같이 생긴 잎이 없다. 색감도 다르다. 너무나 다양한 춘란의 잎에서 미적 아름다움을 느껴 작품성을 인정받는 기준은 무엇일까? 그 기준을 알면 첫 만남부터 다를 수 있다. 출발점이 다르면 결과를 만들어내는 것도 다르다. 그래서 잎의 아름다움 기준을 반드시 점검해야 한다.

변이종을 만나기 전에 점검해야 할 것은 민춘란 잎의 아름다움이 무엇인지를 아는 것이다. 더 나아가 어떻게 생긴 것이 아주 잘생긴 것인지를 알아야 한다. 민춘란 잎의 깊이를 정확히 알아야 엽예품이든 화예품이든 원리가 풀린다. 여기에서 무조건 짧아야 하고 무조건 입엽이어야 하고 무조건 둥글어야 하는 것이 아니다. 한국춘란은 바로 이 부분이 다른 나라 춘란과 근본 자체가 다른 부분이다. 정확히 알면 경지에 도달하는 것도 어렵지 않다. 잎이 갖춰져야 작품으로 완성되기에 더 그렇다. 아무리 무늬가 아름다워도 잎이 뒷받침되지 못하면 좋은 평가를 받기 어렵다. 꽃도 다르지 않다. 꽃의 아름다움이 빛을 발하려면 그에 걸맞은 잎이 필요하다. 잎과 무늬, 그리고 꽃이 조화를 이루었을 때 비로소 격조 높은 작품이 완성되기에 그렇다.

내가 이렇게 잎과 꽃의 아름다움을 강조하는 것은 난계의 눈높이가 높아져서 그렇다. 70~80년대에는 소심만 채란해도 밥을 살 정도로 축하를 받았다. 중투를 만나면 꽤 많은 돈을 손에 쥘 수 있었다. 복륜도 흔하지 않았다. 그런데 이제는 난계의 문화와 역사가 깊어진 만큼 미적 수준이 높은 품종들이 많이 발굴되었다. 그래서 웬만한 난에는 눈길조차 주지 않는 것이 현실이다. 모두 귀하고 소중한 한국춘란이지만 사람 가까이에서 살아남을 수 있는 것은 소수에 지나지 않으니 아름다움의 기준을 제대로 이해하고 점검해야 하는 것이다.

누누이 강조하지만 아무리 작품성 있는 난일지라도 우리나라에서 자생한 자연산이어야 한다. 조직배양이나 다른 나라 난초와 유전자가 섞인 것은 안 된다. 우리의 난초 문화를 계승 발전시키려면 이것이 너무 중요하기에 강조한다. 입문자라도 이 점은 마음에 새기고 난초를 대하면 좋겠다.

한국춘란 잎의 이해를 돕기 위해 사람의 몸에 비유해 설명해보겠다. 춘란 잎은 사람과 비유해 아름다움을 감상할 수 있는 지구상에 몇 안 되는 품종 중 하나이다. 근래에 들어 세계의 양란 시장도 한류에 의해 잎의 체형을 매우 중요하게 인식한다. 그럼 어떤 기준으로 잎을 감상해야 하는지 표를 통해 알아보자.

	몸	잎 옵션	한국춘란의 아름다운 특성
1	키	잎 길이	짧을(소형)수록 좋다
2	허리	잎 폭	넓을수록 좋다
3	맵시	잎 끝	둥글수록 좋다

| 4 | 탄력 | 두께 | 두꺼울수록 좋다 |
| 5 | 부티 | 휨성 | 중수엽일수록 좋다
(일반 종의 경우) |

| 한국춘란 잎과 사람 몸매의 상관관계

　먼저 키를 보자. 잎의 크기가 너무 크거나 너무 작으면 좋지 않다. 어중간해서도 곤란하다. 제일 선호하는 키는 10cm 내외이다. 춘란의 10cm 내외의 길이는 미스코리아를 뽑을 때의 키 175cm쯤으로 보면 될 것 같다. 이때 중요한 것은 정상적 발육 상태에 따른 크기다. 잎 장수가 6장이 되었을 때 맨 가운데 잎장(천엽)이 정상적인 발육으로 제일 길 때 10cm 내외가 제일 좋다.

　둘째, 허리다. 미인은 늘씬하고 잘록할 때 좋은 점수를 받지만, 춘란은 반대로 잎이 넓어야 좋은 점수를 받는다.

　셋째, 맵시다. 맵시는 아름답고 보기 좋은 모양새를 말한다. 전반적인 잎의 길이(키)와 폭(허리)을 아우른 잎 끝의 마무리가 맵시에 해당된다. 잎 끝은 둥그런 환엽을 최고로 여기며 잎의 엽초와 엽신을 포함한 전체 체형이 장타원형에 가까울수록 좋다.

　넷째, 몸의 탄력이다. 사람의 경우 근육이 너무 없으면 노화한 것처럼 보인다. 이를 탄력이 떨어진 몸이라 한다. 난초는 잎이 너무 얇아 흐물거리거나 부들거리면 탄력이 없다고 한다. 잎은 너무 얇지 않아야 한다. 잎의 앞면은 윤기가 흐르고 광채가 나는 것을 최고로 친다. 그래야 탄력 있는 몸이 되는 것이다.

　다섯째, 딱 봐도 부티가 나야 한다. 부티가 나는 것은 잎의 곡선으로 알 수 있다. 잎의 휨에 따라 가치가 달라진다. 한국춘란은 우리 민족 고유의 곡선미가 난초 잎에서 나와야 좋다. 부티는 첫인상과 같다. 딱 봐도 귀티가 흘러야 한다는 것이다. 첫눈에 사람의 마음을 사로잡을 수 있는 부티가 나면 금상첨화다. 그래야 사람의 마음을 사로잡고 경쟁 품종들을 제압하게 된다.

입문자들은 난초 잎이 뻣뻣하게 서 있는 것을 좋아하는 경향이 있다. 두화가 필 것을 기대해서 생기는 현상이지만 작품의 세계에서는 곡선의 미학이 잘 두드러진 약간 서있는 듯한 중수엽을 최고로 친다.

한국춘란은 잎에서 출발해 꽃으로 이어져 작품성을 평가받는다. 그런데 신기하게도 의인화가 잘 된다. 사람의 몸과 얼굴에 견주어 아름다움 기준을 설정해도 딱 맞아떨어진다. 춘란을 만나는 시점에서 사람 몸에 견주어 미래를 예측하는 훈련을 하면 좋은 작품을 만날 수 있다. 다섯 가지를 기억하며 엽예품들과 대면하고 가까이해 보라. 그러면 누구나 선호하는 작품을 만들어낼 수 있을 것이다.

화예가 가진 의미를 살피다

한국춘란은 아무리 아름다운 엽예라 해도 종국의 관심은 아름답고 가치 높은 꽃으로 귀결된다. 아름다운 꽃을 보기 위해 엽예에 관심을 가지게 된다는 말이다. 우리나라에서 개최되는 약 200여 개의 전시회 중 상훈이 가장 큰 (대통령상) 대회는 함평군에서 주관하는 대회이다. 화훼 부분에서 대통령상을 주는 대회는 국화와 춘란 대회 두 곳뿐이다. 그만큼 화훼 부분에서 춘란이 차지하는 비중이 크다. 꽃의 아름다움이 다른 꽃에 비해 월등하다는 의미이기도 하다.

춘란의 자웅(雌雄)을 가리는 최고 대회인 함평군 전시회는 3월 마지막 주 토~일에 열린다. 꽃이 아름답게 피었을 때를 잡아 우열을 가리는 것이다.

우리나라 야생춘란은 중국산이나 일본산에 비해 월등히 예쁘다. 대부분이 예쁘지만 약 0.01퍼센트 정도만이 최고의 반열에 들어서고 가치를 인정받는다. 그렇다 보니 국산풍으로 잘 갖추어진 꽃들은 중국, 일본의 대표 종과는 비교 자체가 안 된다. 한국춘란 꽃이 단연 최고라는 것이다.

일본은 지금까지 한국춘란 화예품을 많이 수입해갔다. 한국춘란 꽃이 일본 시장에서도 각광을 받기에 그럴 것이다. 반대로 일본춘란 중에서 꽃이 아름다워 우리가 수입한 것은 거의 없다. 한국춘란과 견주어 꽃의 아름다움이 덜하기 때문이

| 한국, 중국, 일본의 미인

다. 중국은 일경구화와 향기가 나는 꽃을 최고로 여겨 한국춘란과 차별점을 둔다. 그러나 근래에 들어서는 한국춘란계의 영향으로 색화나 화형이 우수한 종류들로 문화가 변천하고 있다.

한국춘란이 앞으로도 경쟁력을 유지하려면 우리만의 것을 고수할 수 있어야 한다. 다른 나라 것을 무작정 따라하는 것이 아니라 우리나라 고유의 특성을 살려 작품화해야 한다는 말이다.

예컨대 〈미인도〉라 하는 그림이 있다고 가정하자. 조선시대 미인의 상징성을 대변할 수 있는 여인을 소재로 그려야 미인도로 인정받을 수 있다. 일본이나 중국의 미인을 모델로 그림을 그렸다면 미인도로서의 의미는 상실되고 만다. 우리나라 미의 기준과 여인상을 대변하는 그림이 그 가치를 인정받을 수 있다는 말이다. 한국춘란의 화예품도 다르지 않다. 한국춘란만의 고유한 특성이 묻어나는 꽃이라야 화예품의 진정한 강자가 된다.

올림픽이 열리면 대한민국 사람이라면 본능적으로 우리 선수를 응원한다. 이유가 뭘까? 유전자가 하나로 통하고 대한민국이라는 공동체에 속해 있기 때문이다. 춘란도 마찬가지다. 한국춘란만이 가지고 있는 고유의 특, 장점을 찾는 것은 본능에 가까운 요구이다.

내가 긴 지면을 할애하며 이런 이야기를 하는 이유가 있다. 한국춘란의 아름다움의 기준이 되는 국수풍이 엽예에서는 크게 작용하지 않지만 화예품에서는 절대적이기 때문이다. 한우는 누렇고, 젖소는 얼룩덜룩하다. 6개월을 기르면 다 국산이라고들 하지만 얼룩소가 어찌 국산이 될 수 있겠는가?

나는 국제난 심포지엄에서 주금화 일광과 태극선을 2011년 각 1천 주(3,000촉)를 주문받은 경험이 있다. 당시 우리나라만의 아름다움의 기준을 기초로 해서 설명을 했기에 가능했다. 당시는 생소한 말이라 많은 관계자분들이 놀랐지만 지금은 한국춘란만의 아름다움을 기준으로 평가를 하고 있는 분위기다.

이는 입문자분들이 향후 애란생활을 3년을 하든 30년을 하든 꼭 알아야 할 사실이다. 반드시 어떤 꽃이 예쁘고 예쁘지 않은지 그 기준을 알 수 있어야 한다. 그러면 화예로 실패할 확률이 줄어들 것이다.

꽃의 아름다움 기준을 알다

꽃을 이해하려면 아름다움의 기준이 무엇인지를 먼저 알아야 한다. 그 기준을 정확히 알아야 만족스러운 결과를 가져올 수 있는 설계가 기본적으로 될 수 있기 때문이다. 미적 기준에 부합한 꽃이 가치를 창출할 수 있다. 아무리 아름답게 꽃을 피워도 한국춘란만의 미술적, 의인화적 기준에 반하는 꽃이라면 좋은 결과를 담보하기 어렵다.

한국춘란은 먼저 우리나라에서 자생한 난이라야 한다. 누가 봐도 된장 냄새가 물씬 풍겨야 한다. 조직배양 등을 통한 인위적인 꽃은 접근 자체를 허용하지 말아야 한다. 가짜와 남의 나라 난도 자꾸 보다 보면 무감각해지므로 조심해야 한다. 다른 나라의 꽃이 우리의 것으로 둔갑하기 시작하면 미래가 없다. 춘란이 아무리 취미, 원예치료, 생산성, 도시농업의 한 축이 된다고 해도 시장이 혼탁해지면 저변 확대는 물 건너가고 만다. 모두가 공멸하는 것이다.

예를 들어 피카소 그림을 원하는 사람들이 있다고 하자. 그런데 누군가 피카소 그림을 모방해 그림시장에 내놓았다. 진본과 가짜를 구별하지 못하도록 정교하게 그린 것이 유통되면 시장은 혼란해질 게 분명하다. 이렇게 되면 진본 그림을 사도 찜찜해할 것이다.

그래서 한국춘란 꽃이 어떤 점에서 아름다운지 알아야 한다. 그 기준을 명확히 파악한다면 한국춘란의 정체성을 지키고 유지시켜 나갈 수 있다. 가치 창출은 물론 시장의 혼란도 막을 수 있다.

한국춘란 꽃의 이해를 돕기 위해 사람의 얼굴에 비유해 설명해보겠다. 춘란 꽃은 사람의 얼굴에 비유시켜 꽃의 인상과 아름다움을 감상할 수 있는 지구상 유일한 꽃이다. 먼저 어떤 기준으로 꽃을 감상해야 하는지 표를 통해 알아보자.

	얼굴	꽃 옵션	한국춘란의 아름다운 특성
1	눈	봉심	합배가 잘될수록 좋다.
2	피부 잡티나 흉터	화근 색상	없을수록 좋다. 미세하게라도 있다면 빨간색일수록 좋다.
3	피부 톤	화판 색상	진하고 윤기가 흐를수록 좋다.
4	몸과 얼굴의 균형미	꽃과 꽃받침의 비율	내삼판이 외삼판에 비해 너무 커도 너무 작아도 아름답지 않다.
5	고개 숙임	꽃의 숙임 정도	땅을 보고 너무 숙여도 하늘로 너무 들고 있어도 아름답지 않다.
6	화장(메이크업)	립스틱 (설점의 색상과 형태)	굵고 선명한 것, U자형이 좋다.

| 한국춘란 꽃과 사람 얼굴의 상관관계

먼저 눈을 보자. 관상학에서는 눈이 80퍼센트를 차지할 정도로 영향이 크다고 한다. 눈이 잘생겨야 인상과 관상이 좋아지기에 그렇단다. 난초도 마찬가지다. 춘란의 봉심은 눈에 해당된다. 봉심이 너무 벌어져도 좋지 않고 너무 다물어져도 좋지 않다. 20퍼센트 정도가 교차돼 겹쳐진 것을 최고로 친다.

그런데 특이하게도 중국산과 일본산은 대부분 봉심이 벌어져 있어 봉심 속 화

| 봉심이 많이 벌어짐- 매우 아름답지 않음 | 봉심이 벌어짐-아름답지 않음

| 봉심이 잘 붙음-한국산으로 매우 아름답다

주(춘란의 생식기관)가 보인다. 단정미를 최고로 치는 국내기준에는 부합하지 않다. 국적 판별과 잘생기고 못생긴 꽃의 판별에 봉심을 첫째 관문으로 여긴다. 봉심만 봐도 꽃의 아름다움이 결정된다는 것이다. 아무리 한국산이라도 봉심이 벌어지면 문제가 있다.

둘째 피부 잡티나 흉터이다. 춘란은 미인에 비유한 꽃이므로 미인은 얼굴과 피부에 흠과 상처, 잡티 등이 없어야 한다. 그래서 춘란도 흠이나 잡티가 없는 것을 최고로 친다. 붉은색의 화근(안토시아닌)이 하나도 없는 것을 최고 미인으로 생각한다.

피부 잡티가 많다-화근이 많아 나쁨. 30점

피부 잡티가 적다-화근이 보통이라 조금 나쁨. 60점

피부 잡티가 없다-화근이 없어 아주 좋다. 100점

| 피부 잡티(안토시아닌) 색상. <한국풍 붉은색>

| 피부 잡티(안토시아닌) 색상. <중국풍 보라색>

셋째, 피부 톤이다. 소심이 아니라면 불가피하게 대부분의 춘란 꽃은 화근을 동반하게 된다. 화근의 색상은 인도 사람이 다소 검고, 러시아 사람이 희고, 한국 사람이 황갈색이듯 국적을 판별하는 중요한 요소가 된다. 특이하게도 한국춘란은 짙은 빨간색이 많고, 중국산은 초콜릿 색상과 진한 팥색이 많다. 보세란과 유향춘란(심비디움 포레스티)의 혈연관계 때문이다. 심비디움 포레스티 대표종인 송매, 서신매, 환구하정, 녹운 등을 보면 신촉이 자라서 나올 때 떡잎에 초콜릿이나 짙은 팥색이 유독 많다. 우리나라 것과는 차이가 있다. 일본춘란은 우리나라 춘란에 비해 분홍색이 가미되어 다소 엷은 듯한 홍색이 대부분이다.

넷째, 몸과 얼굴의 균형미이다. 즉 인물과 인상이다. 사람의 경우 상체에 비해 하체가 짧거나 길면 이질감을 느낀다.

이와 똑같은 관점으로 이해하

면 도움이 된다. 꽃에서 외삼판(주, 부판-꽃받침)과 내삼판(봉심, 설판-꽃잎)의 밸런스를 통해 내삼판이 너무 작다 싶으면 소두형이라고 해 균형미가 떨어진다고 본다. 반대로 너무 크면 대두형이라고 해 총기 있거나 영리하게 보이지 않아 이 또한 균형미가 떨어진다고 본다. 여기서 봉심이 벌어지거나 예쁘지 않다면 꽃으로서의 의미 자체가 없다고 보면 된다.

다섯째, 머리의 각도이다. 만개시점이 되면 유전적인 특성으로 인해 초롱꽃처럼 땅 바닥을 향한 것과 코스모스처럼 하늘을 향한 것들이 있다. 정면을 보거나 10% 정도 숙이는 것이 좋다.

여섯째, 화장(메이크업)이다. 아무리 미인이라 하더라도 중대한 행사에 나가면 모두 화장을 한다. 특히 한국춘란은 콘테스트(미인대회-난초대회)를 위해 존재하는 만큼 화장의 의미는 크다. 화장에 있어서 본바탕도 중요하겠지만 마지막 화룡점정이 빨간색 립스틱을 바르는 것이다. 한국춘란은 특이하게도 경쟁국인 중국과 일본

| 대두

| 표준

| 소두

에 비해 압도적으로 하얀 백색의 입술(脣瓣)에 나타난 립스틱이 빨간색이다. 또 대부분 진하다. 하늘이 내린 축복이다.

| 만개 시 립스틱의 색상과 발현 형태가 꽃의 인상(미학)에 미치는 계급의 순
   (이대발 난 아카데미 프로 작가반 교육 내용 발췌)

① 립스틱이 붉고 진하고 두께가 좋아 100점

② 립스틱이 붉고 두께가 좋으나 ①에 비해 조금 연해서 80점

③ 립스틱이 그려진 넓이는 좋고 붉은색이나 ②에 비해 너무 연해서 60점

④ 색상은 붉은색이나 잘 그린 립스틱이 아니고 문신을 한 듯 점으로 찍혀 있음. 40점

⑤ 색상은 붉은색이나 가늘고 많이 떨어져 있음. 20점

⑥ 색상이 보라색이며 제멋대로임. 10점

    중국춘란은 색상과 형태면에서 지저분하게 느껴진다. 색상 또한 유전적인 본
성에 따라 빨간색이 거의 없고 심비디움 포레스티의 혈연관계로 인해 짙은 보라

| 보세(C. sinense-광엽 혜란. 대표 품종 대만보세)

| 자주색 립스틱(한국에선 거의 없음)

| 빨간색 립스틱
 (C. goeringii-한국춘란. 도춘. 중국에선 흔치 않음)

| 포레스티
 (C. forrestii-중국춘란. 대표 품종 대부귀, 송매, 녹운)

색이 가미된 것들이 대부분이라 한국춘란에 비할 바가 못 된다.

　일본춘란은 유전적인 특성에 따라 잎이나 화근에 나타난 것처럼 엷은 홍색이 거나 분홍색이 많이 가미되어 방금 립스틱을 바른 듯한 생동감을 주지 못한다. 립 스틱의 형태도 대부분 점으로 이어진 형태라 대부분의 한국춘란에서의 굵고 선명 하고 진하고 빨갛게 바른 듯한 요소가 부족해 한국춘란과 견줄 바가 못 된다.

　한국춘란의 아름다움을 알려면 다섯 가지 기준을 잘 이해하면 된다. 입문자들 은 이것만 잘 알아도 행복하고 재미있고 생산성 있는 춘란 생활을 해나갈 수 있다.

전시회로 난의 깊이와 높이를 더하라

한국춘란의 깊이와 넓이와 높이는 전시회를 통해 나타난다. 전시회가 춘란을 보고 배우고 익히는 장이 된다. 한국춘란의 최고 하이라이트는 바로 전시회라는 말이다. 전시회는 큰 틀에서 엽예품과 화예품으로 나뉜다. 엽예품은 신아가 성촉되었을 즈음인 늦가을에 열리고, 화예품은 춘란이 꽃을 피우는 3월에 열린다.

전시회는 난계 전체의 축제의 장이다. 자신이 배양한 난초를 만인에게 선을 보이는 데뷔의 장이기도 하다. 최고의 작품을 가리는 경연장이 되기도 한다. 난초를 알지 못하는 사람들이 한국춘란의 아름다움과 매력을 느낄 수 있는 기회의 장이기도 하다. 다양한 작품을 보며 내공을 쌓고 배양기술을 익히는 배움의 장이 되기도 한다. 신품종을 모니터하고 앞으로의 흐름을 파악하는 장으로 활용하는 애란인도 많다. 한마디로 전시회는 난초의 깊이와 높이를 더하는 최고의 장이다.

전시회를 가면 다양한 부류의 사람들을 보게 된다. 건성으로 작품을 훑어보는 사람, 슬렁슬렁 작품을 보며 즐기는 사람, 스마트폰 카메라를 들이대며 연신 셔터를 눌러대는 사람도 있다. 노트를 들고 분석한 것을 메모하는 사람, 발색이나 화형의 차이를 비교하며 이유를 찾고 따져보는 사람도 있다. 출품한 애란인을 찾아가 배양 방법과 작품을 만드는 기술이나 비법을 물으며 내공을 쌓아가는 사람

| 이계호 전 농림부 장관과 대통령상 시합에서

도 있다.

현재 난초를 배양하는 수준에 따라 감상의 수준도 결정된다. 하지만 어떻게 전시회를 활용하면 좋을지는 말하지 않아도 알 것이다. 전시회는 한국춘란의 전체상을 그리는 데 매우 좋은 기회다. 내공을 쌓을 최고의 기회이므로 잘 활용하는 지혜가 필요하다.

지금까지는 전시회를 관람하는 입장에서 이야기했다. 물론 잘 보고, 잘 배우는 것이 중요하다. 그러나 그보다 더 중요한 것은 내가 전시회의 주인공이 되는 것이다. 관람객이 아니라 참여자가 되는 것이다. 완성도 높은 작품을 만들기 위해 노력하겠다는 자세로 임하면 짧은 기간에 부쩍 성장한 자신의 모습을 발견할 수 있다. 전략 품종을 선택해 4~5년간 길러 출품하겠다는 의지로 접근하면 좋은 성적의 배양 능력도 키울 수 있을 것이다. 아무런 목적 없이 열심히 기른 것보다 훨씬 많은 것을 얻는다.

나는 무명시절, 전시회에 가면 1등과 2등은 어떤 차이가 있는지 꼼꼼히 살폈다. 또 부문별 등위를 매기는 기준도 체크하며 관람했다. 내가 심사했다면 어떤 작품을 선택했을지도 생각했다. 같은 품종임에도 색상과 화형이 다른 이유도 비교해보았다. 너무 궁금하면 직접 찾아가 그 이유를 물어보기도 했다. 이런 노력이 지금의 나를 있게 했다.

사람은 자신이 준비한 그릇만큼 물건을 담을 수 있다. 전시회를 대하는 태도에 따라 얻을 수 있는 것도 달라진다는 것이다. 그러므로 난을 왜 기르는지 그 정체성을 확립해 전시회에 출품하겠다는 꿈도 품었으면 한다. 자신이 노력해 기른 난초로 대회에 나가고, 그간의 노고와 노력의 대가를 보상받는 것이다. 그러면 명예와 부도 누릴 수 있다.

도시농업 100만 시대의 대안이 되다

　현재 우리나라는 급격한 노령화로 국가 위기설이 나돌 정도로 심각한 상황에 놓여 있다. 장기화된 경제침체는 위기를 더욱 심화시키고 있다. 위기설은 여기저기서 터져나오지만 마땅한 해결책이 없는 실정이다. 일자리를 만들 수만 있다면 민·관이 머리를 맞대고 돌파구를 찾으려 한다. 이런 혼란한 시대에 일자리 창출과 더불어 소득증대에 물꼬를 터줄 대안이 있다. 그것이 바로 한국춘란이다.

　세계는 지금 최첨단 기술 확보에 혈안이 돼 있다. 인공지능 시대를 주도해갈 수 있는 기술만 있다면 탄탄대로의 길을 걸어갈 수 있기에 두 팔을 걷어붙인다. 실제 인공지능 시대 핵심 기술을 보유하고 있는 기업은 기업가치는 물론 취업에서도 1순위가 되었다. 그곳에서 일을 하려는 사람이 줄을 서 있다.

　그런데 최첨단 기술도 좋지만 그보다 현실적으로 접근 가능한 것이 있다. 조금만 관심을 기울이고 주변을 돌아보면 삶의 질을 높이고 더불어 일자리 창출에도 효과적인 것이 있다는 말이다. 그것이 바로 도시농업이다.

　예전에는 땅이 있어야 농사를 지을 수 있었지만 지금은 다르다. 기술 발달로 도시에서도 대규모 농사가 가능해졌다. 아파트 형식의 최첨단 재배농장이 생겼으며, 도시에서도 야채와 과일 재배 시대가 열렸다. 농업의 경계가 사라지기 시작하며 고부가가치를 도시에서도 만들어낼 수 있게 되었다. 야채와 과일뿐만 아니라 한국춘란도 도시농업의 일환으로 그 가치가 충분하다. 도시에서 춘란으로 100만 일자리 창출이 가능하다는 말이다.

이웃 나라들은 도시농업으로 많은 일자리를 창출하고 있다. 내가 연구한 중국 하남성 동백현은 인구가 40만 명 정도인데 그중 1만 명이 난을 기른다. 취미가 아니라 소득을 올리기 위해 난초를 선택했다. 그 인구는 지속적으로 늘어나고 있다. 대만은 또 어떤가? 동양란이 국가의 주요 산업으로 이미 자리를 잡았다. 난을 국란이라고 부르며 세계를 평정했다. 연구차 대만을 방문했을 때 일이다. 한국을 겨냥해 한국춘란과 같은 종인 중투와 복륜 수백만 촉을 농장에서 생산하고 있었다.

중국은 난초가 도시농업의 일환이 될 수 있다고 판단해 민·관이 합심해 생산 기술 개발과 참여농가 확산에 열을 올리고 있다. 치열하게 자국 난초 점유율을 높이려는 노력을 기울인다. 중국은 자국 난초 점유율이 98퍼센트가 넘는데 우리나

| 부산에서의 새내기 강연

한국춘란 가이드북 입문편

라 연구진은 한국춘란보다 양란을 더 많이 연구하는 것 같아 안타깝다.

우리가 조금만 관심을 기울이고 시스템을 만들면 방탄소년단, 싸이처럼 한류를 만들어 세계를 주도해갈 수 있다. 나는 호주와 미국, 캐나다에서 한국춘란 상점을 열고 싶다는 문의를 받기도 했었다. 불가능은 없다. 내가 20여 년 전부터 고안해 만든 의인화 작품세계는 난초 한류를 만들어내기에 부족함이 없다고 생각한다.

춘란은 흥미롭게도 주식시장처럼 상장과 비상장 품종으로 나뉜다. 장르별 대장주와 비대장주로도 나뉘는 신비로운 작물이다. 원예치료적 측면에서도 춘란은 일반적인 동양란과 큰 차이가 있다. 나아가 미술성과 희소성으로 그 가치가 하늘을 찌른 것도 있다.

한 예로 전남 신안군에서 채집된 춘란은 한 촉에 무려 1억 5천만 원을 호가했다. 이 품종을 개발한 농가는 연간 소득이 7~8억 원에 이른단다. 이 춘란을 사기 위해 일본과 중국 농가가 줄을 섰다고 한다.

그뿐만 아니라 한국춘란의 아름다움을 간직한 난초는 중국과 일본 상인들의 타깃이 되고 있다. 한 촉에 수억 원을 넘겨도 그들은 돈을 지불하고 수입해간다. 이들은 자국산을 닮은 걸 찾는 게 아니라 한국적으로 아주 잘생긴 것만 선호한다. 가장 한국적인 것이 세계적인 것이다. 우리는 자부심을 가져야 한다. 그렇게 건너간 난들이 자리를 잡으면 한류가 되는 것이다. 한류가 자리를 잡으면 제2의 방탄소년단, 싸이가 만들어지는 것이다. 한국미를 잘 갖춘 인상과 인물의 난은 그들에게는 매우 귀하기 때문에 확실히 성공할 수 있다.

난초를 보는 안목, 죽이지 않고 안정적으로 배양하는 기술이 부가가치를 높이는 것이다. 이제 우리도 시야를 넓혀야 한다. 한국춘란이 부가가치를 인정받고 수출하는 효자 종목으로 거듭나도록 해야 한다. 이미 우리나라에는 춘란을 판매하는 상점이 전국에 1천여 곳이나 있다. 애란인의 수도 적지 않다. 다양한 전시회가 전국에서 열리고 있다. 민·관이 조금만 신경 쓰면 된다. 시스템을 정비하고 체계를 갖추고 교육을 한다면 100만 도시농업의 한 축을 넉넉히 감당할 수 있다. 그러니 입문자들도 마음을 편안히 먹고 차근차근 공부해가면 된다. 한국춘란에는 그에 걸맞은 매력과 가치가 충분하기 때문이다.

호피반 사계

제4장

한국춘란의
오장육부와
가계도를
파헤치다

4-1 한국춘란의 오장육부를 파헤치다

01. 난의 신체를 살피다

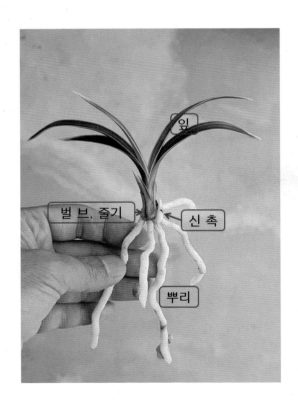

잎

벌브, 줄기

신 촉

뿌리

난초는 잎과 줄기(벌브)와 뿌리로 구분된다. 식물의 기본 구조와 같다.

잎은 광합성을 통해 포도당을 만드는 일을 주로 수행한다. 잎은 줄기에 붙어 있다. 줄기(벌브)는 구슬처럼 되어 있는데 5~7개의 액아(다음에 촉이나 꽃으로 탄생될 예비 눈)를 품고 있다가 1년에 1번꼴로 봄부터 새로운 촉을 생산해 가을이면 다 자란다.

줄기(벌브)에 품고 있던 액아의 일부는 세력이 좋을 때인 6~8월에 꽃이 되기도 한다. 꽃으로 피어난 것들은 한 송이에서 약 5만 개 정도의 종자(포자)를 전국의 산야로 바람을 통해 날려보내 번식을 한다.

줄기(벌브)의 아래 하단부에는 뿌리가 있다. 대개 잎 1장에 뿌리 1가닥이 만들어진다. 뿌리의 주요 역할은 물과 비료분을 모으는 일이다. 가져온 물을 뿌리에 일시적으로 저장했다가 필요할 때 사용한다. 잎이 열심히 벌어온 포도당도 사용한 후 남은 것을 뿌리에 비축한다. 풍란(네오피네티아 속), 석곡(덴드로비움 속), 호접란(팔레놉시스 속)과 뿌리의 구조는 거의 흡사한데 일종의 착생 구조이다. 그래서 입문자는 물이 부족해도 괜찮다고 여기는데 난초는 물이 부족하면 심한 스트레스를 받는다.

나는 학교에서 강의할 때 벌브(줄기)는 가정이고 잎은 아버지가 돈을 벌어오는 구조라고 설명한다. 뿌리는 아버지가 건강하게 돈을 벌어올 수 있도록 내조하는 어머니의 역할이다. 그래서 잎과 뿌리는 1 대 1(T/R율)이 되어야 한다. 잎 한 장에 뿌리 한 가닥, 즉 일부일처제이다. 그래야 가정이 편안하고 건강한 삶을 살아갈 수 있다. 아버지가 하루 종일 벌어온 포도당을 사용하고 남은 것은 엄마가 저축을 하는 구조이다. 가정의 역할인 벌브(줄기)는 때가 되어 전체 촉이 4~5촉이 되면 꽃을 만든다. 모촉의 입장에서 자신이 만든 촉(자식)이 꽃을 잉태했으니 마치 손자를 보는 것과 같다. 1년생(난초의 한 달은 사람의 1년과 같음) 1촉이었던 자신은 만 3년 동안 매년 촉을 생산해 이제 4년생이 되는데, 사람으로 치면 환갑이다. 자식이 3~4명이 된 것이다. 벌브는 이렇게 자식을 낳고 꽃을 피우는 역할을 한다.

02. 꽃의 각 기관 명칭과 역할을 알다

꽃은 벌브의 액아에서 출발한다. 꽃은 6~8월에 화아분화(花芽分化)가 된 후 형태를 갖추다가 이듬해 봄에 활짝 핀다. 먹고살 만해야 자식을 더 낳듯이 난초도 건강하고 영양 상태가 좋아야 꽃을 단다. 4~6월로 접어들면 일조량이 늘어감에 따라 광합성 양도 증가해 포도당(C-탄수화물)의 체내 축적량은 아주 높아진다. 이에 따라 질소화합물(N) 양은 자연스레 감소하는데 이때가 난초는 살기 좋다고 느낀다. C/N율이 높아진 것이다. C/N율이 높아지면 꽃눈이 발생한다.

화아분화가 잘 안 일어나는 난들은 N의 공급을 확 줄이면 효과가 있다. 반대로 N의 유입량을 늘리면 오히려 억제가 된다. 액아의 상태와 충실도에 따라 꽃으로 필지 유산이 될지도 결정된다.

꽃이 개화할 즈음 화경(꽃대)은 매우 연약해 쉽게 꺾인다. 3월경 개화를 진행하면서 서서히 단단해졌다가 벌이나 바람에 의해 수분(受粉)이 일어나면 더욱 단단하게 바뀌어 자방 내 종자를 지켜낸다. 자방에는 난핵(암 유전자)이 약 5~7만 개가 들어 있고 화경의 맨 마지막 마디에 위치한다. 사람의 자궁인 셈이다.

자방의 끝에는 생식기관인 화주가 있다. 세 장씩으로 이루어진 두 겹의 꽃잎이 함께 붙어 있다. 꽃이 한 번에 많은 수의 자손을 만들려고 하는 것처럼 난초도 한 번에 많은 수의 종자를 퍼뜨린다. 이를 종자번식이라 한다.

한국춘란은 바깥에 위치한 한 겹의 꽃잎을 세팔(Sepal), 꽃받침이라 한다. 밖(外)에 붙어 있는 3개의 꽃잎이라고 하여 외(外)삼판이라 부른다. 외삼판은 삼각형(△) 구조로 되어 있는데 삼각형의 꼭대기에 주판 1장과 좌·우측으로 부판 2장이 있다. 안쪽에 위치한 3개의 꽃잎 한 겹을 페탈(Petal), 꽃잎이라 하고 내(內)삼판이라고 부른다. 이들은 세팔(Sepal) 꽃받침의 반대로 역삼각형(▽) 구조이다. 역삼각의 아래쪽을 순판(혀를 내밀고 있는 형상이라) 설(舌)판이라 하고, 위로 향한 좌·우측의 꽃잎 2장을 봉심이라 말한다.

내·외삼판은 역할이 조금씩 다르다. 외삼판은 바람에 흔들려 벌의 눈에 잘 띄게 하는 역할을 한다. 벌을 만나야 수분이 이루어지기 때문이다. 벌을 만나지 못하면 마지막 수단으로 풍매(바람) 수분을 시도한다. 바람에 의해 자가수분이 될 때

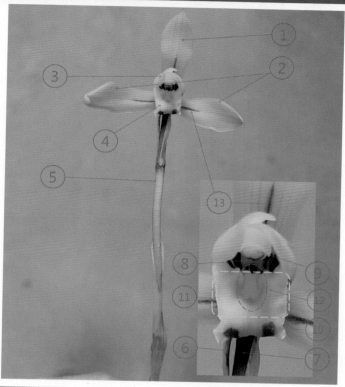

1	주판	외삼판	꽃받침	수분을 위해 벌을 유혹하려고 펴져 있음
2	부판			
3	봉심	내삼판	꽃잎	한국산은 향기가 약하므로 향기를 멀리 보내기 위해 대부분 오므리고 있음
4	순판			
5	화경	화경	화경	꽃이 벌의 눈에 잘 띄도록 높이 솟구쳐 있고 바람을 견딜 수 있도록 튼튼하고 강함
6	포의			
7	자방	생식기관	생식기관	종자 씨앗을 멀리 날려 보내 종 유지를 하기위해 종자는 작고 가볍고 수가 많다
8	화주			
9	약			
10	립스틱	설점	순판	벌이 안전하게 착지하도록 립스틱이 유도함. 순판돌기는 비행장 유도선 같은 역할을 함
11	순판	순판전체		
12				
13	화근	안토시아닌	꽃잎 잡티	벌의 눈에는 화근이 잘 보이는 색상이라 멀리서도 잘 착륙하게 하기위해 비행장 활주로의 유도선 역할을 한다

열성화(근친 교배에 따른 부작용이 발생하는 현상)돼 돌연변이가 많이 나타난다.

우리나라 춘란은 난초 향이 좋은 중국과 바람이 많은 일본과는 달리 심산유곡에서 몇 안 되는 벌과 아주 약한 봄바람에 의지해 번식한다. 그 일이 참 벅차다. 그래서 난초는 벌을 유인하려 소중한 단백질을 소모해가며 미향과 청향, 감향을 발산해 벌을 불러들이려 한다. 그때 향이 조금이라도 멀리 갈 수 있게 봉심은 딱 붙어 나팔처럼 쪼여준다. 그래야 향기가 조금이라도 멀리 날아가 벌을 만날 수 있기 때문이다. 그렇게 견디며 번식하려다 보니 우리나라 춘란의 봉심이 이웃나라에 비해 매우 단정하다. 우리나라만의 특성이므로 개화 후 꽃의 의인화 평가에서 봉심의 단정함이 최고의 척도가 돼야 하는 것은 당연하다. 봉심이 쫙 벌어지면 한국산이 아니라는 의심을 받는다. 우리나라 난초에도 봉심이 쫙 벌어지는 것이 있지만 일본과 중국에 비해 월등히 적다. 환경적인 특성이 난초에게 영향을 끼치며 진화해간 것이다. 그야말로 신의 한 수이다.

벌을 만나지 못한 난초는 스스로 개발한 방법으로 다음과 같이 번식을 한다. 완전히 익은 화분괴는 수분이 마르기 시작해 매우 가벼워진다. 색상도 황색에서 갈색으로 변하고 부피도 작아진다. 이때 작은 거미줄 같은 실에 대롱대롱 매달려 있는데 미풍에도 쉽게 흔들거린다.

화주 끝 아래 매부리코의 콧구멍같이 옴팍하게 파인 주두는 점점 점질로 변해 벌이나 바람에 의해서라도 제발 들러붙으라는 심정으로 때를 기다린다. 이러다가 천신만고 끝에 수분에 도달하기도 한다. 이렇듯 스스로 수분하며 번식을 해야 하는데 쉽지 않다. 이마저도 실패하면 난초 꽃은 시들어 말라버린다.

내삼판 중 입술을 닮은 순(脣)판이 있다. 순판은 벌이 착지를 할 때 잘 내려앉으라고 평평하며 흰색이다. 마치 건물 옥상의 헬기장처럼 되어 있다. 헬기장 바닥에는 H자가 새겨져 있는데 난초의 순판에도 벌이 잘 착지하라고 붉은색의 U, V, ll가 새겨져 있다. 이를 입술에 그려진 붉은색이라고 해 이대발 난 아카데미에서는

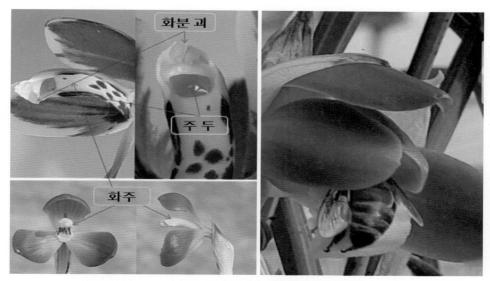

| 좌) 화분괴는 수꽃가루 덩이. 주두는 수꽃가루 덩이를 점착시키는 생식기관
  우) 벌이 날아와 수분을 시켜주는 모습

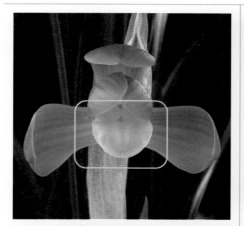

입술을 닮은 순(脣)판-
헬기 착륙장 표식이 없는 소심

헬기 착륙장 표식과 같은
순(脣)판의 립스틱 V형

교육 시 립스틱이라 부른다. 그리고 벌이 안전하게 수분을 할 수 있게 순판의 바닥에는 작은 돌기가 솟아나 있다. 참 경이로운 일이다.

난초는 두 가지 방법으로 번식을 하는데 첫 번째가 유성번식이고 두 번째가 무성번식이다. 유성(암·수)번식은 꽃의 암술(주두)과 수술(화분괴)이 만나 씨를 만들어 먼 거리로 날려보내는 것이다. 한국춘란은 중국에서 씨가 날아와 정착한 종이다.

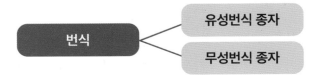

국내 종자도 전국의 산야로 퍼져야 한다. 안타깝게도 우리는 꽃을 따고 까보는 데만 열중하고 종자를 산야에 뿌려주는 일에는 무관심했다. 이제는 종자를 파종해 생태를 복원시켜야 한다.

| 늙은 퇴 벌브에서 생강근 형성 후 발아-분 재배에서 탄생한 생강근 (라이좀) 무성번식

꽃이 피고 수분이 일어나면 배유(종자) 형성은 120일이 되어야 종자로서 완성된다. 2~3개월 뒤 삭과가 갈색으로 익어 벌어지면 바람에 비상한다. 울릉도에도 서식하니 먼 거리를 이동한다. 종자는 호조건일 때 선택적 발아를 하여 생강근을 거쳐 우리가 말하는 생강근 한 촉이 된다.

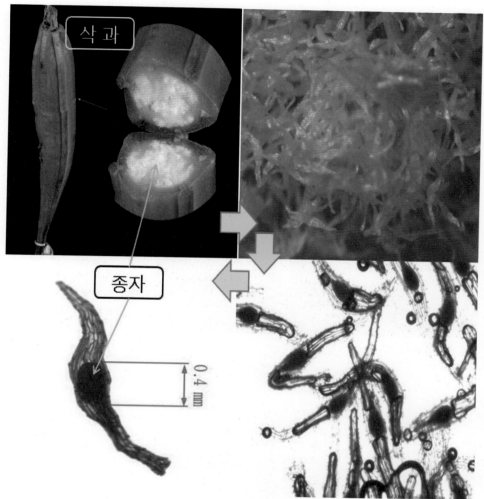

| 난초의 종자 형성 과정

이때 공생균(마이코리자)의 도움으로 에너지원인 포도당, 인산, 아미노산을 공급
받아 생강근으로 발달한다. 생강근이 되면 생강근 털(라이즘 헤어)이 만들어지는데
털과 생강근 피부와 기공으로 양분을 받아들여 성장하며 부피를 키우다가 촉으로
분화해 잎을 만들고 뿌리를 만든다.

04. 잎의 구조를 파헤치다

| 그림 1. 한국춘란의 잎 앞면과 뒷면(기공 관찰)

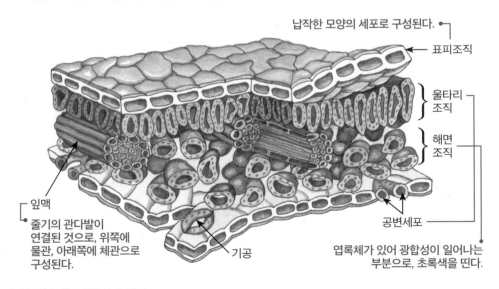

납작한 모양의 세포로 구성된다.

표피조직

울타리
조직

해면
조직

공변세포

잎맥
줄기의 관다발이
연결된 것으로, 위쪽에
물관, 아래쪽에 체관으로
구성된다.

기공

엽록체가 있어 광합성이 일어나는
부분으로, 초록색을 띤다.

| 그림 2. 한국춘란의 잎 단면

잎은 앞뒷면이 표피조직으로 보호막이 형성되어 있는데 역할은 다르다. 그림 1의 앞면 상 표피층은 사진에서처럼 나름 견고한 왁스층의 갑옷을 두르고 있다. 뒷면 하 표피층에는 기공이 있다. 기공으로 숨을 쉬는 것이다.

한국춘란을 육안으로 세밀하게 살펴보면 앞면의 왁스층이 뒷면보다 더 발달된 것을 알 수 있다. 빛을 반사시켜 엽록체 손상을 막기 위해서다. 마치 건물의 외벽 미장이 부식을 막고 보호하는 이치와 비슷하다. 태풍이 불 때 유리창에 신문지 한 장만 붙여도 쉽게 깨지지 않는 원리처럼 잎의 형태를 잡아준다.

상 표피층 아래에는 광합성을 주로 담당하는 울타리 조직이 있다. 여기에서 대부분의 광합성이 일어난다. 그래서 난초 머리 위에서 해가 들어야 한다.

잎 아래에는 해면조직이 있는데 이들은 듬성듬성 배열되어 있다. 하 표피에 있는 기공을 향해 배열되어 있으며 산소와 이산화탄소 교환과 증산을 통한 수분 배출을 한다. 이때 외부의 풍압이나 건조가 심하면 난초는 기공을 닫아버린다.

잎의 가운데에는 사람의 동맥과 정맥처럼 두 개의 혈관과 같은 일을 수행하는 물관과 체관이 있다. 이들은 각각의 세포에 물을 전달하고 그로 인해 만들어진 포도당을 체관으로 이동시키는 역할을 한다.

잎의 구조를 알면 빛이 드는 위치, 영양제나 농약을 살포하는 방법도 자세히 알 수 있다. 그 방법은 차근차근 자세히 설명하도록 하겠다.

05. 뿌리의 구조를 파헤치다

뿌리는 물과 비료분을 저장했다가 필요할 때마다 공급하는 역할을 한다. 난초 화분 속에서 사람이 공급하는 것을 받아들여 난초가 정상적인 생명활동을 하는 데 불편함이 없도록 조절한다.

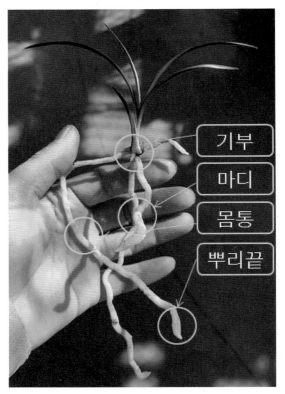

기부

마디

몸통

뿌리끝

| 뿌리의 겉 구조

　뿌리의 구조는 외부에서 볼 때 벌브와 만나는 기부, 몸, 끝으로 되어 있다. 몸통 끝에는 분열조직이 있는데 한 해를 넘기기 전 12월에 경화되어 끝 분열 조직이 닫혀 마디가 생긴다. 그러다 이듬해 3월 봄에 새롭게 분열해 자란다. 일명 마디라고도 하는데 이를 통해 난초 나이와 삶을 유추해볼 수 있다.

　뿌리의 내부는 가운데 철사처럼 길게 자란 중심주가 있고 그것을 벨라민층이 덮고 있다. 벨라민을 외피부가 보호한다. 외피부에는 뿌리털(그림 2)이 발달해 있는데 뿌리의 역할을 극대화하기 위함이다. 뿌리의 모든 구조가 오직 물을 안정적으로 모으기 위한 시스템으로 진화한 것이다.

그림 1 ①번의 중심주가 실질적인 뿌리다. 중심주만 남아 있어도 물 공급만 제대로 해주면 죽지 않는다. 중심주를 벨라민층이(③) 두텁게 감싸고 있다. 중심주는 물과 양분을 이동시키는 역할을 한다. 벨라민층은 양·수분을 저장하는 역할을 한다. 벨라민을 감싼 마지막 피부가 그림 1 ②의 외피(겉 피부)층이다. 외피층은 물기가 뿌리 밖으로 달아나지 못하게 하는 능력이 있고 물기를 신속하게 빨아들이는 역할도 한다.

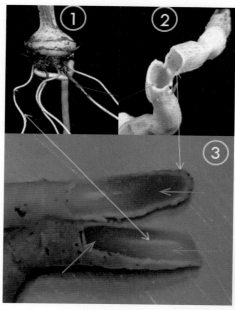

| 뿌리의 속 구조
◀ 그림 1. ①중심주 ②외피층 ③피층(중심주와 외피층 사이-
　　　　수수깡의 속처럼 생긴 벨라민층)

그림 2. 호흡공(노란 원)과 뿌리털 ▶

　　뿌리 끝에는 생장점이 달려 있다. 생장점은 그림 3에서처럼 맑고 밝으며 투명하게 살아 있어야 한다.

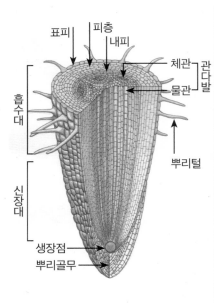

표피 피층
내피
체관 }관
            }다
물관 }발
흡수대
뿌리털
신장대
생장점
뿌리골무

▲ 그림 3. 뿌리 끝(뿌리 끝의 단면 구조)

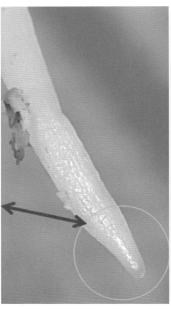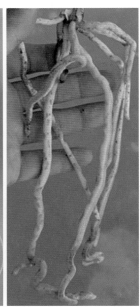

| 뿌리 몸통

06. 줄기(벌브)의 구조를 살피다

| 벌브의 구조와 단면

잎이 자라고 있는 벌브   잎을 제거한 벌브   벌브의 단면

한국춘란에서 줄기는 벌브라고 한다. 지하줄기라는 뜻이다. 사람의 신체로 치면 팔다리를 제외한 모두가 포함돼 있는 곳이다. 두뇌와 같은 역할을 하고 번식도 한다. 생명 유지를 위한 모든 시스템을 제어하고 지시한다. 이곳이 탈이 나면 심각한 문제에 봉착하게 된다.

벌브 안은 관다발로 이루어져 있다. 표면은 잎이 붙어 있었던 곳이라 띠를 형성하고 있다. 그 띠 가운데에 꽃이나 촉이 될 액아가 자리한다. 맨 아래엔 뿌리가 내린다. 잎이 없는 벌브에서 새로운 촉이 나오기도 하고 생강근이 만들어지기도 한다. 벌브가 생명을 유지하고 생명을 탄생시키는 근원이 되기에 그렇다.

잎이 없어도 튼실한 벌브는 물과 세포분열이 가능한 온도 조건이 주어지면 새싹을 만들어 잎과 뿌리를 내린다. 이를 난 농가에서는 벌브 틔우기라 한다. 벌브 틔우기를 할 때는 하이포넥스 1500배액에 1일 정도를 담그고 벌브의 기공과 피부로 물이 간접적으로라도 전달이 잘 되게 해주면 된다. 수태처리를 하거나 아주 고운 상토를 사용해 수분을 머금게 해주고 야간 온도 18도~20도 정도를 유지해 주면 도움이 된다.

4-2 한국춘란의 가계도를 살피다

모든 변이종은 민춘란(보춘화)에서 유래된다. 민춘란에서 일어나는 돌연변이 개체 중 원예성이 있는 것을 우리는 인공적인 배양으로 작품화한다. 다양한 예(藝)를 갖춘 것에 가치를 매겨 사람 곁에 두고 음미한다. 나타난 예에 따라 분류해 예술 활동을 하는데 전문가들마다 조금씩 견해 차이가 있다. 나는 2계 8문 25강을 표준으로 나눈다. 편의상 계, 문, 강, 목, 과, 속, 종으로 나누어 교육하고 관리한다. 계는 대한민국, 문은 대구광역시, 강은 수성구, 목은 지산동, 과는 영남맨션, 속은 103동, 종은 1505호라고 생각하면 이해가 쉬울 것 같다. 여기에서는 한 가지 예만 다루겠다. 전문가편에서 다예품에 대한 이야기를 풀어놓을 테니 참고하면 된다.

다음 페이지 가계도를 보고 한국춘란의 분류체계를 살펴보자.

보춘화는 민춘란과 변이종으로 나뉜다. 변이종은 잎 변이계와 꽃 변이계로 나뉜다. 시합과 대회도 나누어서 치른다. 잎 변이계를 엽예품(葉藝品) 계라고 하고 꽃 변이계를 화예품(花藝品) 계라고 한다.

입문자는 엽예품 계부터 만나는 것이 보통이다. 육안으로 확연히 구분이 되고 아름다움도 갖추고 있어 한국춘란의 매력을 느끼기에 제격이다. 엽예품을 통해 난초를 만나고 경력이 더해지면 자연스레 화예품 계로 넘어가 함께 병행한다.

잎에 아름다운 예술적 가치를 지닌 엽예계 종류들은 연중 아름다움을 감상할 수 있는 장점이 있다. 반면 꽃에 아름다운 예술적 가치를 지닌 화예계는 감상하고 연출해낼 수 있는 요소가 엽예계에 비해 훨씬 깊다.

그럼 엽예계 3문으로부터 한국춘란의 가계도를 구체적으로 살펴보겠다. 춘란을 이해하고 소득창출에 성공하려면 각각의 특성을 잘 이해하고 접근하는 것이 무엇보다 중요하다. 엽예계에는 3문이 있고, 각 문마다 3강이 있다. 총 9강인데 강마다 2~3목으로 나뉘어 최대 27목으로 나눌 수도 있다. 정리하면 3문 9강 27목이 된다. 여기에 더해 색상(9계열-황색 3, 백색 3, 녹색 3)으로 나누면 약 250가지(과)로 나눌 수도 있다. 입문자분들은 계, 문, 강까지만 알아두어도 성공적이다. 그럼 한국춘란의 각 개체들을 이해하는 여행을 떠나보도록 하자.

아래 표는 이대발 난 아카데미 교육에서 적용하는 방식이다.

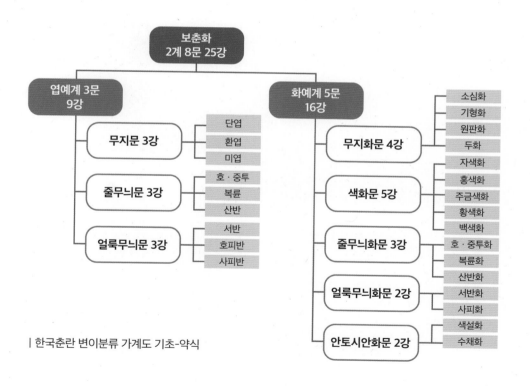

| 한국춘란 변이분류 가계도 기초-약식

단엽(短葉)	
유전체계	염색체 돌연변이

민춘란의 길이(키)가 돌연변이에 의해 짧아진 종류를 말한다. 일반 소형 종과는 다르며 대부분 잎이 두텁다. 잎 표면의 세포가 짜부라져 쪼글쪼글한 라사가 발현된 것을 최고로 친다. 라사가 약한 것은 준단엽이라고 한다. 라사 발현을 제외하고 나머지를 다 갖추었다면 민(라사가 없다)단엽이라고 한다.

색상	진한 녹색~연한 녹색
꽃	라사화, 원판화, 두화를 기대

환엽(丸葉)	
유전체계	염색체 돌연변이

잎은 단엽과 유사하나 소형 종에 가깝다. 잎의 끝과 전반적인 전체 체형이 동글동글한 종류를 말한다. 잎 전체 길이도 대부분 짧아 아주 아름답고 신비하다. 6번째 잎인 마지막 속잎까지 둥근 것들은 단엽 못지않게 귀하며 단엽보다 예쁜 것들도 있다. 작품에서 최고의 체형에 해당한다. 키가 크고 잎끝만 둥글면 환변이라고 하지 환엽은 아니다.

색상	진한 녹색~연한 녹색
꽃	원판화, 두화를 기대

미엽(美葉)	
유전체계	염색체 돌연변이

민춘란의 잎보다 두께가 2~5배나 두터워 마치 플라스틱 같다. 과거에는 장르가 없었으나 지금은 단엽과 환엽 못지않게 감상할 가치가 있다고 여겨 인기가 많다. 장엄한 모습이 일품이며 환변을 동반하면 최고로 친다. 예쁘지 않은 기엽류와는 차원이 다르며 작품에서 환엽에 이어 최고의 체형에 해당한다.

색상	진한 녹색~연한 녹색
꽃	원판화, 두화를 기대

2. 줄무늬문 - 잎에 황색이나 백색의 수려한 줄무늬가 세로로 나타난 종류

호·중투(鎬·中透)	
유전체계	엽록체 돌연변이

무늬 같은 초록색의 테두리 속에 무늬색이 들어 있는 것을 말하며 무늬색이 잎의 기부(아래쪽 벌브)에서 잎끝 쪽까지 깊고 균일하게 나타나 있는 것이다. 가운데 무늬색을 보호하는 녹색의 깊은 고깔이 있어야 한다. 이때 속을 꽉 채우지 못하고 한 줄 또는 여러 줄로 된 것을 호라 한다. 중투 기대품이다. 신촉이 나올 때부터 무늬색이 있어야 하며 황색을 최고로 친다.

무늬색	황, 백, 연한 녹색
기대 꽃	아름다운 호·중투화

복륜(覆輪)	
유전체계	엽록체 돌연변이

중투의 정반대 현상으로 잎의 가장자리에 무늬 색이 나타나며 잎끝에서 기부(아래쪽)를 향해 나타난다. 줄무늬문에서 가장 흔하며 중투보다 는 무늬의 면적이 얇아 화려하지 않지만 잘 갖추어진 복륜은 매우 아름답다. 최대한 깊고 두 텁게 나타나는 것을 최고로 친다. 이들도 황색 을 최고로 친다.

무늬색	황, 백, 연한 녹색
기대 꽃	아름다운 복륜화

산반(散斑)	
유전체계	엽록체 돌연변이

초록색의 잎 표면에 짧은 선들이 섬세하게 연결 돼 긁힌 듯한 형태의 무늬이다. 한 땀 한 땀 자수 를 놓은 듯한 표현형이다. 중투와 복륜 못지않 게 감상할 만하다. 단엽과 환엽에 이어 3대 줄 무늬계로 나눌 수 있다. 산채를 가면 자주 만나 는데 대부분 잎끝이 희끗희끗한데 큰 의미는 없 다. 무늬 변화가 심하고 신촉이 나올 때 가장 화 려해 봄의 전령사라 한다. 이들도 황색을 최고 로 친다.

무늬색	황, 백, 연한 녹색
기대 꽃	아름다운 산반화

3. 얼룩무늬문 – 잎에 황색이나 백색의 수려한 무늬가 가로로 나타난 종류

서반(曙斑)	
유전체계	엽록체 돌연변이

잎에 무늬가 가로로 나타나는데 초록색의 잎 (하늘)에 마치 구름이 하늘에 떠다니듯 나타나는 종류를 말한다. 호피반과 사피반이 조금 섞여 나타나는 것들도 있다. 1년이 지나면 대부분 무늬가 많게 또는 적게 감소하는데 무늬가 오래 남아 있는 것들을 최고로 친다. 무늬는 황색을 최고로 치며 매우 아름답다.

색상	황, 백, 연한 녹색
기대 꽃	아름다운 서반화, 홍화

호피반(虎皮斑)	
유전체계	엽록체 돌연변이

호랑이의 가죽에 나타난 얼룩무늬를 뜻해서 호피반이라 한다. 잎에 황색이나 백색의 무늬가 가로로 나타나며 서반에 비해 더 또렷하게 나타나는 걸 말한다. 무늬의 경계가 선명하고 또렷해 신비감마저 든다. 무늬의 경계가 흐리면 서반과 호피반의 중간이라 하여 서·호반이라고 한다. 초록색의 잎에 붓으로 그려놓은 듯한 노란색 무늬는 한 폭의 유화를 보는 것 같다. 이들도 노란색을 최고로 꼽는다.

색상	황, 백, 연한 녹색
기대 꽃	아름다운 서반화

사피반(蛇皮斑)	
유전체계	엽록체 돌연변이

점박이 무늬를 가진 뱀의 비늘을 연상시켜 사피반이라 한다. 잎에서 녹색의 하늘에 노란색이나 우윳빛 구름이 넓게 걸려 있고 그 사이에 수천 마리의 기러기 떼가 하늘을 날아가는 것을 본다. 이 기러기 떼의 군무는 마치 황운안탁(노란 구름에 기러기 날 듯), 한 폭의 동양화를 보는 것 같다. 이들은 기러기 군무의 양상이 좋을수록 최고로 친다.

색상	황, 백, 연한 녹색
기대 꽃	아름다운 사피반화

1. 무지화문 – 꽃은 민춘란이면서도 형태가 수려하거나 독특한 종류

소심화(素心花)	
유전체계	염색체 돌연변이

꽃이 피었을 때 6장의 내·외삼판과 화경 포의 무두(꽃 전체)에서 안토시안 색소에 의한 붉은 선이나 반점이 없고 순판(舌)에 립스틱까지도 나타나지 않은 것을 뜻한다.
백의민족의 특성상 가장 좋아하는 꽃이다. 다른 변이와 동반하는 경우는 인기와 가치가 매우 높다. 붉은 선이나 반점이 전혀 없는 순소심에서 립스틱만 없는 것까지 여러 계급으로 나뉜다. 순소심(100%)을 최고로 친다. 순판은 녹색과 백색을 최고로 친다.

색상	홍, 주금, 황, 백, 자, 녹색

기형화(奇形花)	
유전체계	염색체 돌연변이

꽃이 피었을 때 내·외삼판 중 전체 또는 일부가 비정상적 형태와 숫자로 피는 것을 말한다. 봉심 끝에 두터운 엽육이 발달하거나 화분괴가 붙어 있는 투구화 2가지로 나누어지며 중국과 달리 우리나라에서는 의미를 크게 두지 않아 편의상 기화에 속하게 되었다. 단정하고 예쁘지 않으면 큰 의미는 없고 유전성이 높아 항상 비슷하게 펴주어야 좋다.

색상	홍, 주금, 황, 백, 자, 녹색

원판화(圓瓣花)	
유전체계	염색체 돌연변이

꽃이 80% 이상 피었을 때 폭 대비 길이가 1/1.3~1.6까지로 두화보다는 조금 긴 형태가 되어야 한다. 정확한 원판은 50~70% 개화 시 두화와 흡사하나 만개를 하면 차이가 난다. 두화와는 달리 외삼판(주·부판)의 꽃잎 볼륨만 합격선이면 된다. 두화와 원판화는 구성 조건이 다르게 구분되어 있으며 원판화 중 꽃잎 끝이 쥐꼬리처럼 뾰족하면 꽃잎 끝이 연꽃을 닮았다 하여 하화(荷花)판으로 부르는데 이도 귀하고 매우 아름답다.

색상	홍, 주금, 황, 백, 자, 녹색

두화(豆花)	
유전체계	염색체 돌연변이

꽃이 80% 이상 피었을 때 6장의 내·외삼판 모두의 꽃잎 볼륨이 폭 대비 길이가 1/1.3 이하로 마치 반으로 쪼개진 6개의 완두콩을 보는 듯한 둥근 형태를 말한다. 두화는 원판화와 구성이 다르고 꽃잎이 짧아 순판이 뒤로 말리지 못하는 개체를 여의설이라 하여 더 귀하게 본다. 두화는 립스틱이 두텁고 진하며 아름답게 그려져야 한층 더 아름다우며 봉심이 붙고 화근이 없는 것을 최고로 치며 소륜보다는 대륜이 훨씬 귀하고 아름답다.

색상	홍, 주금, 황, 백, 자, 녹색

2. 색화문 – 꽃잎이 녹색이 아닌 자, 홍, 주금, 황, 백색으로 피는 종류

자색화(紫色花)	
유전체계	염색체 돌연변이

꽃이 80% 이상 피었을 때 6장의 내·외삼판 모두의 꽃잎이 자주색으로 개화한 것을 말하며 추접하게 보이면 안 된다. 꽃이 100% 개화를 해도 색상이 그대로 유지되는 것들이 좋으며 색상이 쉽게 달아나는 종류는 가치가 없다. 꽃잎의 표피층에 색소가 분포해 있어 개화 시 꽃잎이 늘어나는 걸 매우 주의해야 한다. 그래서 대부분의 자화는 개화 시일이 길어지더라도 저온개화 유도로 차갑게 서서히 피운다.

색상	진한 자색~ 연한 자색

홍색화(紅色花)	
유전체계	염색체 돌연변이

강렬해야 한다. 꽃이 80% 이상 피었을 때 6장의 내·외삼판 모두의 꽃잎이 붉은색으로 개화한 것을 말한다. 색상이 손쉽게 나타나지 않는 종류부터 가만히 두어도 색상이 잘 나타나는 것까지 있다. 유전적으로 색소의 밀도와 분포도가 높아야 우수하며, 연간 모아둔 저장 양분이 많을수록 더 색 발현이 순조롭다. 꽃이 붙은 후에도 겨울 채광량을 충분히 맞추어야 색상이 쉽게 나타나고 색상은 밝고 진할수록 더 귀하다.

색상	적+홍, 홍+홍, 홍+도

주금색화(朱金色花)	
유전체계	염색체 돌연변이

화려해야 한다. 꽃이 80% 이상 피었을 때 6장의 내·외삼판 모두의 꽃잎이 주금색(붉은+황금색)으로 번쩍거리며 개화한 것을 말한다. 색상이 엷은 것에서 홍시 정도의 진한 색까지 나타난다. 유전적으로 색소의 밀도와 분포도가 높아야 색상이 진하고 빛을 많이 발산하는 붉은 황금색을 띤다. 색상이 엷은 것부터 진한 종류까지 있는데 밝고 진할수록 아름답다. 과거에는 홍색이 많을수록 높게 쳤지만, 지금은 주금색 본연의 색상을 더 귀하게 여긴다.

색상	주홍, 주등, 주금, 주황

황색화(黃色花)	
유전체계	염색체 돌연변이

부티가 나야 한다. 꽃이 80% 이상 피었을 때 6장의 내·외삼판 모두의 꽃잎이 누런색이 아닌 해바라기 꽃처럼 노란색으로 개화한 것을 말한다. 화경은 초록색이어야 진짜. 색상이 엷은 것에서 노란 튤립처럼 진한색까지 있다. 색상이 진하고 빛을 많이 발산하는 진노랑(황+황)색이 최고로 친다. 가짜가 가장 많아 주의를 필요로 한다. 노란 서에서 핀 꽃은 서화이다. 황색 복륜에서 노랗게 피는 전면 복륜화는 황화가 아니다.

색상	황+황, 녹+황, 주금+황, 백+황

백색화(白色花)	
유전체계	염색체 돌연변이

빛이 반짝이는 백진주 같아야 한다. 꽃이 80% 이상 피었을 때 6장의 내·외삼판 모두의 꽃잎이 허연색이 아닌 백합처럼 백색으로 개화한 것을 말한다. 화경이 초록색(자연색)이 아니면 대부분 진짜 백화가 아니다. 우리나라에서 가장 귀한 색상으로 반짝거림이 있는 백합꽃 같은 색상을 최고로 친다. 백색 서에서 핀 꽃은 서화이다. 백색 복륜에서 하얗게 피는 전면 복륜화는 백화가 아니다.

색상	백색~엷은 백색

3. 줄무늬화문 – 꽃잎에 황색이나 백색의 수려한 줄무늬가 세로로 나타난 종류

호·중투화(鎬·中透花)	
유전체계	엽록체 돌연변이

엽록체 돌연변이에 의한 키메라 현상이 잎과 똑같이 그대로 꽃에 나타난 것으로 대부분 호나 중투에서 핀다. 대부분 연두색의 줄무늬로 피는데 80% 이상 피었을 때 6장의 내·외삼판 모두의 꽃잎에 호나 중투의 줄무늬가 노랗게 나타나야 좋다. 적색이 가장 귀하고 황색도 귀하다. 대표적 중투화인 홍장미는 홍색 중투화, 태극선은 주금색 중투화이다.

색상	홍, 황, 주금, 백, 자, 연녹색

복륜화(覆輪花)	
유전체계	엽록체 돌연변이

중투화의 반대 현상으로 핀다. 엽록체 돌연변이에 의한 키메라 현상이 잎과 똑같이 그대로 꽃에 나타난 것으로 대부분 복륜의 잎에서 핀다. 꽃이 80% 이상 피었을 때 6장의 내·외삼판 모두의 꽃잎에 황색의 복륜의 줄무늬가 정확하게 나타난 것을 최고로 친다. 적색이 가장 귀하고 주금색도 귀하다. 대표적 복륜화인 명금보는 황색, 홍륜은 주금색이다. 무늬는 깊고 두텁고 또렷할수록 좋다.

색상	홍, 황, 주금, 백, 자, 연녹색

산반화(散斑花)	
유전체계	엽록체 돌연변이

엽록체 돌연변이에 의한 키메라 현상이 잎과 같이 그대로 꽃에 나타난 것으로 대부분 잎이 화려한 산반과 드물게 서산반에서 핀다. 6장의 내·외삼판 모두의 꽃잎에 한 땀 한 땀씩 수를 놓은 질감으로 산반무늬가 정확하게 나타난 것을 높게 친다. 무늬색은 황색과 홍색을 최고로 치는데 녹색의 바탕색과 조화를 이루어야 좋다. 특이하게도 산반은 무늬가 좋게 피었다가도 또 어떤 해는 꽃에 무늬가 없는 민춘란으로 피는 품종도 많다.

색상	홍, 황, 주금, 백, 자, 연녹색

4. 얼룩무늬화문 – 꽃잎에 황색이나 백색의 수려한 줄무늬가 가로로 나타난 종류

서반화(曙斑花)	
유전체계	엽록체 돌연변이

엽록체 돌연변이에 의해 잎에 나타난 구름 같은 서반의 현상이 그대로 꽃에 나타난 것이다. 아주 가끔 선천성의 밝은 서반에서 핀다. 꽃이 80% 이상 피었을 때 6장의 내·외삼판 모두의 꽃잎에 서반무늬가 정확하게 나타난 것이 좋다. 무늬색상은 황색이 가장 귀하다. 색상이 또렷할수록 더 귀하다. 과거에는 없던 계열로 소심을 동반한 개체는 아주 아름답다.

색상	황, 백, 연한 녹색

사피화(蛇皮花)	
유전체계	엽록체 돌연변이

잎에 나타난 사피의 무늬가 꽃에 나타난 것으로 사피반에서 아주 가끔 핀다. 꽃잎에 나타난 서반의 구름 배경 안에 수백 마리의 기러기 떼가 하늘을 날아가는 군무를 보는 것과 같다. 한 폭의 동양화가 꽃잎에 그려진 것이다. 구름과 기러기 떼의 군무를 보는 만큼 구름(서반)의 색상은 황색이나 홍색이 최고이며 기러기 군무가 또렷할수록 좋다. 홍운안탁한 품종 홍룡보는 세계에서 제일 귀하다.

색상	홍, 주금, 황, 백, 연한 녹색

5. 안토시안화문 - 꽃은 민춘란이면서도 꽃잎 안쪽과 입술이 아름다운 종류

색설화(色舌花)	
유전체계	염색체 돌연변이

입술(舌) 립스틱이 전체 또는 대부분 면적에 붓으로 그린 듯한 자색에서 붉은 색상으로 정확하게 나타난 것을 말한다. 전면 또는 정면에서 볼 때 아래로 숙인 입술 면적의 80% 이상이 나타나야 한다. 첫눈에 보아도 지저분하지 않고 깨끗한 것이 좋으며 색상은 붉은 것을 최고로 친다. 자화나 수채화와 더불어 추접한 느낌은 좋지 않다. 홍색을 최고로 치며, 입술 전체에 나타난 것을 최고로 친다.

색상	붉은색~자주색

수채화(水彩畵)	
유전체계	염색체 돌연변이

안토시아닌(화근 색소) 발현 부위가 돌연변이해 꽃잎의 내측에 붓으로 그린 듯 자색에서 붉은색의 물감을 뿌리거나 그린 것 같은 무늬가 정확하게 나타난 것을 말한다. 이도 한 폭의 수채화를 꽃잎에 그려놓은 현상인데 추접한 느낌은 좋지 않다. 정면에서 볼 때 주·부판 면적의 30% 이상이 나타나야 하며 60~70%가 좋다. 색상은 붉은 색상을 최고로 친다.

색상	붉은색~자주색

주금소심 세홍소

제5장

춘란 명장이
알려주는
원 포인트
배양 레슨

춘란을 왜 어렵다고 생각하는가

애완동물은 소리와 표정, 그리고 행동 등으로 감정을 전달한다. 불편한 점이나 바라는 것을 의사 표시를 하며 해결한다. 하지만 난초는 말을 하지 못한다. 명확한 의사표현을 할 수 없다. 환경이 맞지 않아도 스스로 이동할 수도 없다. 자연을 떠나 인간의 품으로 들어온 춘란은 싫든 좋든 인간이 지정해준 곳에서 살아가야 한다. 그러다 보니 원치 않는 삶을 살아갈 수밖에 없다.

많은 애란인들이 "난초 속은 난만이 알 수 있다"는 소리를 자주 한다. 난초가 어떻게 변화되고 어떤 일생을 살아가게 될지 예측하기가 어렵다는 말이다. 예상을 고스란히 벗어나 충격을 주기도 하고 뜻하지 않은 변화로 기쁨을 안겨주기도 한다. 한순간에 생을 마감할 때도 있다. 이럴 때마다 애란인들의 속은 까맣게 타들어가며 춘란 배양에 어려움을 느낀다. 어떤 점에서 어렵다고 생각하는지 그 현상을 좀 더 자세히 살펴보자.

첫째, 자연에서 인간의 품으로 오면서 적응하지 못해 도태되는 문제다. 한국춘란은 수많은 개체가 산채되어 인간의 품으로 들어왔다. 자연 상태에서는 스스로가 컨트롤하며 삶을 살아갈 수 있었다. 나쁜 병균이 생기면 그것을 물리칠 수 있는 저항성이 생겨 문제가 없었다. 자가면역(방어)체계가 발동된 것이다.

그러나 자연 상태가 아닌 인공재배 장으로 들어오는 순간부터는 자가면역(방어)체계가 약해지고, 불결한 재배 장은 야생보다 병균이 훨씬 더 많아서 많은 수가 죽음을 맞이한다. 특히 산채된 춘란은 대부분 돌연변이다. 이들은 정상 난초에 비해 탈이 잘 날 수밖에 없다.

자연을 이해하지 못하면 인공재배 장에서 잘 배양할 수 없다. 겨울에는 추위에 떨고 여름에는 더위로 수난을 겪는다. 수분의 양, 온도, 햇빛의 정도 등도 자연 상태와 견주어 배양해야 하는데 이런 지식이 부족하다 보니 실패가 잦았다.

둘째, 춘란 전체를 이해할 수 있는 좋은 책이 없는 것도 어려움을 느끼는 데 한몫했다. 공부뿐만 아니라 무슨 일이든 원리를 파악하는 게 중요하다. 근원을 이해하면 변화에 대처하기가 쉽다. 전체적인 그림을 그릴 수 있으면 단계적인 접근 체계도 만들어낼 수 있다.

그런데 춘란계에는 이론과 현장을 아우를 만한 마땅한 교재가 없었다. 과학적인 이론의 토대 위에 현장의 경험이 조화를 이루는 책이 전무했다고 볼 수 있다. 물론 〈난과생활〉과 〈난세계〉 두 잡지사에서 애란인들에게 유용한 정보를 전달했다. 하지만 매월 발행하는 잡지만으로는 전체적인 그림을 그리는 데 부족했다.

그러다 보니 대부분이 선배들의 조언에 힘입어 난을 길렀다. 선배들은 자기 경험을 바탕으로 진심어린 조언을 해주었다. 하지만 받아들이는 입문자들의 초기 값이 모두 달라 조언이 빛을 발하지 못했다. 난을 배양하는 환경도 제각각이니 귀동냥으로 들은 것을 자기만의 것으로 만드는 데 많은 시행착오를 겪을 수밖에 없었다.

셋째, 천문학적으로 유입된 동양란의 죽음을 경험한 것도 난 인식에 크게 작용한다. 선물용 동양란은 고온 다습한 대만이 주 생산지다. 재배 환경이 우리나라와는 많이 다르다. 적정한 환경을 맞춰줘도 적응하기 힘든데 회색 콘크리트 건물, 희미한 전등에 의지해 살아가야 했다. 애지중지 관심을 주고 기르는 사람도 드물었다. 선물로 받은 난은 사랑받지 못하고 한쪽 귀퉁이에서 실내장식의 소품처럼 지내다 짧은 생으로 끝나는 경우가 많았다. 잘 길러보려고 해도 마땅한 정보가 없었다. 그러다 보니 '난초는 기르기가 힘들구나'라는 생각에 사로잡히게 되었다.

넷째, 선물받은 춘란이 제 역할을 하지 못한 것도 이유 중 하나다. 주변에 입문자들이 생기면 선배 애란인은 기쁜 마음으로 난초를 선물한다. 난초를 길러보면서 배양 능력을 쌓고 특성을 파악해보라는 뜻으로 기꺼이 난초를 내준다. 그런데 이 선물이 문제가 되는 경우가 많다는 것이다.

선물로 주는 난은 대부분 원예 가치가 떨어지고 죽어도 별 문제가 되지 않는 것을 선택한다. 아주 건강하고 상품성 있는 난초를 선물하는 경우도 있지만 흔히 볼 수 있는 광경은 아니다. 배양 실력도 없는데 건강하지 않은 난을 선물로 받아 키우다 보니 얼마 지나지 않아 죽음을 맞이하고 만다. 한번 세력을 잃고 감염된 난초를 회복시키는 일은 선배들도 힘들어하는 일인데 입문자들은 오죽하겠는가? 그래서 춘란은 배양하기 어려운 작물이라고 생각한다.

난초는 주인의 발자국 소리를 듣고 자란다는 말이 있다. 난과 가까이하다 보면 난초가 하는 말을 들을 수 있다. 나태주 시인의 말처럼 자세히 보아야 예쁘고 오래 보아야 사랑스럽다. 난초도 그렇다. 난초는 주인이 자주 살피고 애정을 쏟아부으면 건강하게 자란다. 잘 죽지도 않는다. 기르기도 어렵지 않다. 여기에 난초가 가진 특성과 생리, 환경적인 요소와 기술이 덧입혀지면 의미 있는 춘란과의 동거를 이어갈 수 있다.

이 장에서 알려주는 배양의 기술을 하나하나 익히다 보면 '아, 난초는 어려운 것이 아니구나'라는 생각으로 바뀔 것이다.

춘란 명장이 알려주는 배양의 기술 Q&A

춘란은 잘 죽지 않는다. 어지간해서는 죽지 않는 게 춘란이라는 것을 수십 년 간 농장을 운영하며 느낄 수 있었다. 실제로 내가 배양하고 있는 난들은 잘 죽지 않는다. 그런데도 많은 사람들이 잘 죽는다고 아우성이다. 그것은 춘란의 특성과 원리를 파악하지 못해서이고 배양 기술이 없어서다. 그 문제점을 질문과 답변 형식으로 해결해보려 한다.

그동안 춘란을 배양하고 강의하면서 입문자들이 고민스러워하는 것들을 추려 보았다. 강의 중 입문자들이 자주 질문하는 내용이기도 하다. 입문자들이 난을 들이는 것에서부터 죽이지 않고 잘 기를 수 있는 데까지 아주 기본적이고 중요한 것 10가지를 정리했다. 이 10가지를 잘 기억하고 적용한다면 건강한 난을 키울 수 있다. 재테크에도 성공해 기쁘고 행복한 애란생활을 이어갈 수 있을 것이다.

뿌리가 건강한 난

1. 젊고 건강한 것을 들여라.

그 이유: 난초를 들일 때는 꼭 젊은(전진) 촉을 구해야 한다. 젊고 건강한 것을 들여야 새끼도 쑥쑥 낳고 잔병치레를 하지 않는다. 그런데 젊고 싱싱한 난초를 구하기가 쉽지 않다. 이럴 때일수록 차분하게 원하는 품종의 난초가 나타날 때까지 기다려야 한다. 마음이 급하다고 연식이 오래된 것이나 뿌리가 나쁘거나 감염이 있는 것을 구하면 만족감이 떨어진다.

재테크를 염두에 두고 전략 품종 설계 후 예산이 확보되면 마음이 급해진다. 마음속에 상상한 일들이 바로 현실로 이루어질 것 같은 생각에 사로잡힌다. 하지만 이럴 때 조심해야 한다. 난초는 하루아침에 결과를 만들 수 있는 장르가 아니다. 시간이 필요하다. 그래서 승률이 담보되는 우량 묘가 나타날 때까지 기다려야 답이 있다.

그렇지 않았을 때 발생하는 문제점:

1. 잘 죽는다.

2. 병에 잘 걸린다.

3. 초세가 약해진다.

4. 자(신아)촉의 상품성이 떨어진다.

5. 작품성이 떨어진다.

솔루션(Solution):

1. 1년 또는 2년생 촉을 선택하라.

2. 뿌리를 확인하고 T/R^{2}율이 최소 80~100%인 것을 선택하라.

3. 뿌리 생장점이 싱싱하게 살아 백색으로 보이는 걸 선택하라.

4. 웃자라 잎이 진초록색으로 바뀌고 엽육이 얇은 난은 피하라.

5. 저장양분이 많은 걸 선택하라.

2. A/S가 보장되는 믿을 만한 곳에서 들여라.

그 이유: 난초는 겉만 봐서는 알 수 없는 작물이다. 어떤 유전자를 갖고 있을지 확인하기 전까지 진품인지 가품인지 알기 어렵다. 그래서 많은 사람들이 구입할 때 '혹시 속는 것은 아닐까?'라고 스스로를 점검하고 또 점검한다. 그래도 좋은 결과를 담보할 수 없다. 가장 중요한 것은 자신이 체계적인 공부로 기술을 쌓는 것이다. 절대 사람을 보고 구입하지 말고 난초 그 자체를 기술적인 안목으로 점검하여 들여야 한다. 무엇보다 안목을 높여 실수를 줄여야 한다. 자신이 없다면 기술료를 들여서라도 전문가의 힘을 빌려야 한다.

구입처가 믿을 만한 곳이냐는 것도 중요하다. 믿을 만한 곳이어야 A/S도 가능하기 때문이다. 믿을 만하고 A/S까지 된다면 그 업체에서 구입해도 괜찮다.

그렇지 않았을 때 발생하는 문제점:

1. 난초가 잘못돼도 보상받을 길이 없다.

2. 사람에게 실망해 난초를 그만둘 수도 있다.

솔루션(Solution):

1. 가급적 이름 있는 농장에서 생산한 것을 선택하라.

---

2 T는 Top(난초의 잎), R은 Root(뿌리)

2. 고가품은 반드시 DNA 검사를 하라.

3. SNS를 통하기보다 농장을 방문해 난을 들여라.

4. 바이러스 부분에 대한 A/S를 명확히 하고 서면으로 작성하라.

2~3촉 -입문자용

3. 2촉 이상인 난초를 들여라.

그 이유: 입문자는 배양 기술이 부족해 1촉짜리 난을 들이면 고전할 수 있다. 특히 정품이며 상작이 아닌 1촉은 아주 위험하다. 그래서 되도록 건강한 2촉 이상인 난초를 들여야 한다. 2촉은 1촉보다 훨씬 잘 자란다. 꽃을 피우는 시기도 빠르다. 1년만 지나도 분주를 해 다산을 할 수 있어 생산성도 좋다. 2~3년만 지나도 한 분을 팔면 원금을 회수하고 품종도 업그레이드시킬 수 있는 장점이 있다.

그렇지 않았을 때 발생하는 문제점:

1. 2촉에 비해 1촉은 죽을 확률이 높다.

2. 세력을 받아 성촉이 된다는 보장을 하기 어렵다.

3. 작품을 만드는 데 시간이 많이 걸린다.

솔루션(Solution):

1. 1~2년생 또는 1~3년생 촉(전진 2~3촉)을 선택하라.

2. 나머지는 위 1, 2번 솔루션과 동일한 잣대로 난초를 구입하면 된다.

한국춘란 가이드북 입문편

1. 한복 바지처럼 편안하게 심어라.

　그 이유: 난초는 야생에서 자기 마음대로 뿌리를 뻗고 살아간다. 그 특성을 감안해 심어야 난초가 좋아한다. 난초는 양계장 속의 산란계처럼 다루면 안 된다. 자유롭게 돌아다닐 수 있도록 편안한 환경을 만들어줘야 한다. 착생의 습성을 가진 춘란의 뿌리는 수평으로 쭉쭉 뻗어가야 비료와 물을 쉽게 받아들일 수 있다. 그래서인지 중국의 난분들은 널찍하다. 좁은 난분에 꽉 조이게 심는 방법은 일

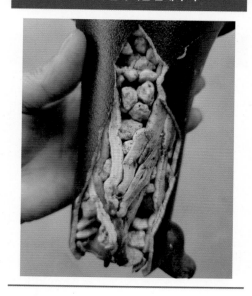

꽉 조이게 심어 자란 분내 뿌리

본식이다. 이 방법은 입문자보다 상급자에게 어울린다. 그런데 일본에서도 꽉 조이게 심는 고압식보다 헐렁하게 심는 저압식에서 좋은 품질의 난이 생산된다.

　우리나라는 T/R율이 50% 정도이거나 미만인 것이 많은 편이다. 고압식으로 심었을 때가 더 많이 나타난다. 그러니 청바지처럼 꽉 끼는 바지가 아니라 한복이나 추리닝 바지처럼 편안하게 심어야 한다.

　그렇지 않았을 때 발생하는 문제점:

　1. 난초가 수분 스트레스를 잘 받는다.

　2. 꽉 조이게 심으면 뿌리를 내리는 과정에서 스트레스에 시달린다.

　3. 꽉 낀 곳으로 뿌리를 내리다 상처가 생겨 병균에 감염될 확률이 높다.

솔루션(Solution):

1. 되도록 대석이 아닌 중석이나 소석으로 헐렁하게 심어라.

2. 화분의 내경이 조금 큰 걸 선택하라.

꽉 쪼이게 심은 뿌리	헐렁하게 심은 뿌리

2. 과일 씻듯이 깨끗하게 세척한 난석에 심어라.

그 이유: 난석은 화산석이 주 재료다. 그래서 표면이 거칠다. 거친 난석을 그대로 사용하면 뿌리가 성장하면서 마찰로 인해 상처가 생긴다. 그 상처 때문에 갈색 뿌리 썩음병과 검은색 뿌리 썩음병이 발생된다. 난초를 제일 많이 죽게 만드는 병이 생기는 것이다. 이것은 얼마든지 예방이 가능하다. 난석을 과일 씻듯이 잘 씻어 주기만 해도 효과가 있다.

그렇지 않았을 때 발생하는 문제점:

① 분진 제거　② 1차 세척-문지르기　③ 2차 세척-라운드

④ 3차 세척-라운드　⑤ 3차 세척까지를 5회 반복

1. 뿌리가 성장하면서 거친 난석 표면에 상처를 받아 균에 자주 감염된다.

솔루션(Solution):

1. 난석을 문지르며 2, 3, 4 순서대로 5번 빨아서 사용하라.

2. 세척한 난석에 연질의 녹소토나 적옥토를 20~30% 섞어서 사용하라.

3. 난석 모서리가 동글동글해질 때까지 깨끗하게 씻어라.

3. 뿌리가 수평으로 성장할 수 있도록 심어라.

그 이유: 난초의 뿌리는 야생에서 최대 1m까지 자라기도 한다. 그러나 인공재배 때는 약 9~12cm 내외의 화분 내에서 살아야 한다. 난초를 가운데에 심는다면 약 4cm 반경에서 뿌리를 내리고 살아야 한다. 야생에서 살던 난초에게는 아주 좁은 공간이다. 물과 비료를 충분히 흡수하려면 수평으로 뿌리를 뻗을수록 좋다. 화분이 좁으면 수평이 아니라 수직으로 뻗을 수밖에 없어 영양분을 충분히 흡수하지 못한다. 나는 이 점을 보완하기 위해 1촉을 심을 때 플라스틱 4호분 벽에 붙여서 심는다. 그러면 최대 10cm의 수평 근이 생겨 발육이 좋아진다.

그렇지 않았을 때 발생하는 문제점:

1. 뿌리가 수직으로 내려가 물과 비료를 충분히 흡수하지 못해 상작을 만들기 어렵다.

2. 세력 저하로 이어져 건강을 잃게 된다.

분벽에 붙여 심어 수평으로 자란 뿌리

수평근 유도를 위한 분벽 심기

솔루션(Solution):

1. 화분 내경이 큰 걸 선택하라.

2. 1촉짜리도 4호분에 심어라.

03. 밥 주기-난초가 잘 자라는 햇볕의 양은 어느 정도인가요?

1. 난초의 밥 광합성을 잘 지어서 주어라.

그 이유: 난초는 광합성이 밥이다. 광합성은 난초를 등 따뜻하고 배부르게 해준다는 뜻이다. 좋은 쌀로 좋은 솥에 밥을 하면 맛있는 밥이 되듯이 난초도 햇볕을 머리 위에서 쬐어주는 것이 중요하다. 빛은 하루 평균 5000~7000럭스가 필요한데 하루 5~8시간을 조절해 주면 된다.

난실 온도는 겨울 15~20도, 봄가을 20~26도, 여름 26~30도가 적

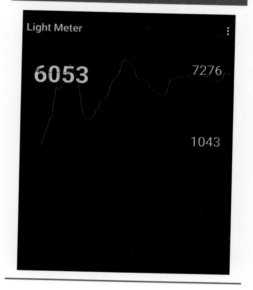

휴대폰 조도계로 측정한 조도 6000럭스

격이다. 난초를 들일 때도 광합성이 잘되는 구조를 선택하면 된다. 잎의 구조는 쌀과 같아 반드시 좋은(광합성이 잘 되는) 것을 선택해야 밥맛이 좋듯이 잘 자란다.

그렇지 않았을 때 발생하는 문제점:

1. 난이 배가 고파 건강하게 자라지 못한다.

2. 체력이 떨어져 쉽게 감염된다.

3. 신아가 약해지고 꽃도 작아진다.

4. 뿌리가 나빠지고 뿌리 피부 색상이 나빠진다.

솔루션(Solution):

1. 평균 조도를 5000~7000럭스로 맞추어라.

    (관유정은 평균 6000럭스다. 야생은 평균 3000~4000럭스다.)

2. 광합성 최적 온도범위는 22~26도이다.

3. 광합성이 잘 되게 하려면 잎은 횡단면이 평평하고 종단면이 누운 게 좋다.

2. 밥을 제때 충분히 먹어라.

그 이유: 야생 난초는 곰처럼 여름과 봄, 가을에 배부르게 먹고 겨울에는 굴에서 놀며 지내는 것 같지만 사실은 그렇지 않다. 겨울에도 4000럭스의 볕을 쬐며 광합성을 한다. 여기서 중요한 것은 겨울에도 빛이 좋은 날에는 광합성을 원활하게 작동시켜 충분히 밥을 먹여줘야 한다는 것이다.

20년 전부터 내가 개발한 저촉 다산법이 확산돼 대부분이 1~2촉으로 생산하는 것이 추세다. 1~2촉은 겨울에도 쉴 틈을 주지 않고 광합성을 강요해야 한다. 잔업과 특근을 해야 한다는 말이다. 그래야만 작은 촉수로도 건실한 촉을 생산해 수익성을 높일 수 있다.

그렇지 않았을 때 발생하는 문제점:

1. 발근율이 낮아지고 뿌리가 나빠진다.

2. 웃자람이 발생해 생산성과 수익성이 떨어진다.

3. 저장양분이 부족하면 쉽게 냉해를 입으며 건강한 신아를 올리지 못한다.

솔루션(Solution):

1. 일평균 광합성 시간을 5~6시간으로 하라.

2. 연간 누적 2,000시간 이상 되게 하라.

3. 평균 최소 5000~6000럭스로 맞추어라.

3. 배를 꺼뜨리지 마라.

그 이유: 어렵게 살찌운 난초를 사소한 부주의로 살이 빠지게 해서는 안 된다. 순 광합성 양을 최대한 높여야 답이 있다는 말이다. 난초는 겨울에 쉬지 않고 잎이 떨어질 때까지 일(포도당 벌이)을 한다. 그 점을 감안해 한시라도 배를 꺼뜨리지 말아

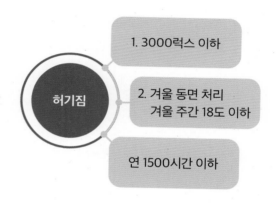

야 한다. 살이 빠지면 약해지고 생동감도 떨어진다. 배를 곯게 되면 매사에 힘이 없다. 비싼 돈과 기대를 품고 구입한 전략품종이 배가 고프면 더 이상 희망이 없다.

그렇지 않았을 때 발생하는 문제점:

1. 살이 빠지면 뿌리와 잎장 수가 감소한다.

2. 살이 빠져 야위면 병에 걸릴 위험성이 늘어난다.

3. 살이 빠져 야위면 값이 떨어진다.

4. 살이 빠지면 뿌리가 나빠진다.

솔루션(Solution):

1. 겨울에도 광합성을 쉬게 하지 마라.

(오전 10시~오후 4시까지 광합성을 할 수 있도록 하라.)

2. 과도한 수의 신아 생산을 피하라.

3. 과도한 수의 꽃대를 달지 마라.

04. 물 주기-건강한 난초를 배양하려면 물은 어떻게 줘야 하나요?

1. 물의 역할부터 이해하라.

그 이유: 난초에 있어서 물은 매우 중요하다. 모든 생물이 그러하듯 난초도 물 없인 살 수 없다. 특히 다른 생물에 비해 물의 영향을 많이 받으므로 특별히 잘 배우고 익혀야 한다. 오죽하면 난초는 물 주는 것을 배우는 데만 3년이 걸린다고 하겠는가? 그만큼 물이 중요하다는 것이다.

난초도 사람처럼 70~80%가 물로 구성되어 있다. 난초는 물로 세포의 팽창과 압을 유지하며 세포 간의 상호작용을 통해 살아간다. 평생 증산 작용을 통해 신체를 유지하고 노폐물도 배출해가며 생명을 이어간다. 관수 시 분내의 공기를 순환시키는 역할도 한다. 물은 뿌리로 신선한 공기를 마시도록 돕는다. 여름철 고온으로 뜨거워진 잎의 온도를 낮출 때도 물을 사용하면 좋다. 그러면 난초는 광합성 양이 증가한다.

물은 pH7의 수돗물이 가장 안전하다. 각종 미네랄 흡수에도 아주 좋다. 관유정에서는 수돗물을 주는데 미네랄이 비교적 고르게 들어 있어 일종의 천연 비료 역할을 한다. 지하수는 특정 성분이 과할 우려가 있어 적합도를 검사한 후 사용해야 한다.

그렇지 않았을 때 발생하는 문제점:

1. 물의 역할을 이해하지 못하면 난초를 건강하게 키울 수 없다.

2. 수질이 나쁘면 난초가 시름시름 세력을 잃다가 합병증으로 죽을 수 있다.

한국춘란 가이드북 입문편

솔루션(Solution):

1. 수돗물을 주라.

2. 겨울철에도 수돗물을 그냥 줘도 상관없다.

   (물이 차갑다고 걱정할 필요가 없다.)

3. 지하수나 지표수는 적합도를 검사한 후 사용하라.

2. 난초는 미나리처럼 물을 좋아한다는 것을 기억하라.

그 이유: 난초 뿌리에는 실제 뿌리를 감싸고 있는 두터운 벨라민층이 있다. 벨라민층은 영양과 수분을 저장하는 역할을 한다. 물이 부족할 것을 대비해 생성된 것이다. 그만큼 물을 좋아한다는 의미다.

야생에서 뿌리가 수평근 형태로 자라는 이유도 수분 보급의 안정화를 위함이다. 뿌리로 흡수된 물은 암반응을 마치며 포도당($C_6H_{12}O_6$)을 만들고 6개의 물은 기공으로 배출된다. 수질이 좋은 물은 미네랄이 들어 있는 천연비료인 것이다.

난초는 입이 없어 뿌리로 영양분을 섭취한다. 춘란인들이 자주 사용하는 마감프-K도 물을 줄 때 조금씩 녹아서 뿌리로 스며든다. 특히 여름에 폭풍처럼 성장하는데 이때는 물을 흠뻑 자주 줘야 한다. 물이 매일 들어가야 비료분 공급량이 커지고 단백질 합성이 많아져 세포분열이 잘 일어난다. 그러면 난초가 튼튼해진다. 입문자들은 난초는 미나리처럼 물을 좋아한다는 사실을 기억하라.

그렇지 않았을 때 발생하는 문제점:

1. 수분 부족에 따른 순 광합성 양 부족에 난초가 약해진다.

2. 물이 부족하면 비료분 체내 유입이 감소하게 된다.

3. 수분 스트레스로 노화가 촉진된다.

솔루션(Solution):

1. 1년에 200번 물을 주라.

2. 여름엔 매일 주어도 좋다.

3. 물 주는 걸 겁내지 마라.

   (미나리처럼 물속에서도 자라는 것이 춘란이다.)

3. 물을 정확히 체내에 집어넣어 주어야 한다.

그 이유: 물을 주는 횟수와 양보다 더 중요한 것은 각각의 포기가 얼마만큼의 물을 원하는지 아는 것이다. 예를 들어 소형자동차와 대형자동차는 똑같은 거리를 달려도 기름 소모가 다르다. 주행을 하려면 필요한 양만큼 연료 탱크에 넣고 달려야 한다. 난초도 각각의 촉마다 필요한 양분이 있다. 그 점을 감안해 물을 줘야 한다. 기술이 부족한 입문자는 두 가지를 잘 알아야 한다. 하나는 난초 몸속으로 물이 정확히 들어가야 하는 것이고, 두 번째는 뿌리가 부실해 물 저장 공간이 부족하면 하루에도 서너 번 물 보충을 해줘야 한다는 것이다. 기름 탱크가 작으니 당연히 자주 주는 것으로 대체해야 한다. 수분 스트레스는 만병의 근원이다. 살아 있다고 다가 아니다. 건강하고 활력이 넘쳐야 한다.

그렇지 않았을 때 발생하는 문제점:

1. 물 저장량이 부족하면 심한 스트레스에 시달린다.

2. 수분 스트레스로 질병과 초세 상품성도 떨어진다.

3. 수분 부족에 따른 순 광합성 양 부족에 난초가 약해진다.

4. 물이 부족하면 비료분 체내 유입이 감소하게 된다.

솔루션(Solution):

1. 난분에다 관수기를 바짝 붙여서 30초씩 주어라.

2. 뿌리가 부실한 것은 분내 보습률이 높은 식재로 저수율을 높여라.

3. 건조가 심한 곳은 발수를 억제시키기 위해 표토를 아주 가는 것으로 사용하라.

4. 여름철에는 분토가 마르기 전에 관수하라.

좌측은 물의 상당량이 분 밖으로 나간다.
우측은 분 안에 정확히 전달된다.

분 안으로 정확히 맞추어서 30초간 관수

05. 영양제-난초가 필요로 하는 영양소는 무엇인가요?

1. 비료를 줘야 하는 이유를 이해하라.

그 이유: 난초의 3대 영양원은 탄수화물(포도당), 단백질, 지질이다. 3개의 영양분이 제대로 작동되어야 난초는 건강하게 자란다. 탄수화물은 광합성으로 해결하면 된다. 하지만 단백질과 지질은 미네랄이 충분해야 하기에 비료로 충당해줘야 한다. 포도당은 난초의 잎 엽록체에 존재하는 엽록소에 의해 만들어진다.

사람은 적혈구 속에 철(Fe)이 포함된 헤모글로빈이 있다. 적혈구가 없으면 큰일 난다. 난초도 엽록소가 충분해야 한다. 부족하면 문제가 생긴다. 엽록소 맨 가운데에는 마그네슘(Mg)이 있다. 그리고 4개의 질소(N)고리가 있어야 한다. 이들

분갈이 시 올려둔 마캄프-K

고리가 작용해 엽록소가 만들어지는 것이다. 이처럼 난초가 생명을 이어가려면 엽록소가 포도당을 생산해줘야 한다.

난초생활을 즐겁게 하고 소득까지 올리려면 끊임없는 세포분열을 하도록 조건을 잘 맞춰주어야 한다. 양질의 세포가 많이 만들어져야 광합성을 통해 건실한 촉과 꽃을 피울 수 있다. 그리고 각종 미네랄들을 안정적으로 필요한 만큼 난초 체내로 유입시키는 것이 관건이다.

그렇지 않았을 때 발생하는 문제점:

1. 화색과 엽색이 나빠진다.

2. 영양소 부족은 발육장애로 이어져 정상 체형을 못 만든다.

3. 뿌리가 나빠지고 건강한 난초로 배양할 수 없다.

4. 저품질의 난을 생산해 망할 수 있다.

솔루션(Solution):

1. 평소 필요한 비료를 충분히 공급한다.

2. 생장 단계별로 필요한 비료를 알고 공급해준다.

3. 뿌리 속으로 비료가 정확히 들어갈 수 있게 공급해야 한다.

2. 집중 생장기 때 영양분을 충분히 주어라.

집중 생장기 때 사용하는 하이포넥스

그 이유: 난초도 사람처럼 일생이 액아기(유아기-전년도 11~3월), 성장기(유년기-4~5월), 집중 성장기(청소년기-6~8월), 완숙기(청년기-9~10월), 경화기(중년기-11월)로 나뉜다. 이때 성장이 가장 많이 일어나는 시기는 집중 성장기다. 사람과 같이 세포분열이 최고조에 달하는 시기다.

이때는 비료분의 사용이 가장 왕성하므로 밑 비료와 함께 추가적인 영양분을 주어야 한다.

성장기 때와 완숙기 때는 대폭 줄여도 무방하다. 성장기에는 단백질 합성 위주의 질소(N), 인(P), 칼륨(K)이 필요하다. 완숙기에는 사람이 골다공증을 염려하듯 난초도 구조를 탄탄히 해줄 수 있는 칼슘(Ca)과 철분(Fe)에 신경을 쓰는 게 국제적 추세다.

그렇지 않았을 때 발생하는 문제점:

1. 시기별로 필요한 영양소를 제공해주지 못하면 발육장애가 온다.

2. 난초의 성장이 더디고 정상 체형에 도달하지 못한다.

솔루션(Solution):

1. 분갈이할 때(2촉 잎 10~12장 기준) 화장토 위로 마감프-K를 20~30알 정도 올려준다. 단 봄과 달리 가을에 할 때는 20~30%를 올려준다. 가을에 한번만 하는 경우는 3월

에 보충해 올려준다.

2. 신아가 40~80% 성장 시까지 가정 원예용 하이포넥스를 2000배로 희석해 2주에 1번씩 분 내로 듬뿍 관주해준다.

3. 난초의 특성과 상태에 따라 영양제를 다르게 적용해서 주어라.

그 이유: 난초마다 유전자적 특성이 다르다. 그리고 촉수와 뿌리의 컨디션과 T/R율도 제각각이다. 그런데도 모두 일괄적으로 영양제를 준다면 어떤 건 부족하고 어떤 건 오히려 과비로 인해 난초가 괴로워할 수 있다. 뭐든 과하면 문제가 되듯이 영양제도 과하면 탈이 난다. 비료를 줄 때 중요한 것은 뿌리가 비료를 저장할 수 있는 공간과 받아들일 수 있는 성능을 파악해야 한다는 것이다. 잎에 비해 짧거나, 숫자가 작거나, 뿌리 피부의 성능이 부실하다면 공급 방식과 횟수를 다르게 해야 한다. 여기서는 지면이 부족하므로 2권에 더 자세히 설명해놓겠다.

그렇지 않았을 때 발생하는 문제점:

1. 약한 난초는 과비로 인한 발육장애가 올 수 있다.

2. 특정 성분만 들어 있는 영양제를 과하게 주면 생리장애와 길항장애가[3] 발생된다.

3. 무늬의 감소가 초래될 수 있는 일부 품종들은 상품성을 위해 주의해야 한다.

솔루션(Solution):

1. 뿌리의 상태가 나쁘면 받아들일 수 있는 기능이 저하된 것이므로 자주 공급하라.

2. 과한 것보다는 조금 부족한 것이 피해를 줄일 수 있다.

3. 건강한 수돗물과 마감프-K, 하이포넥스만으로도 충분하다.

---

3 어떤 요소가 과도하게 섭취되었을 때 상극 요소의 흡수를 방해하는 장애

1. 햇볕은 난초의 머리 위에서 들어야 한다.

머리 위에서 비추는 햇살

그 이유: 난실은 물고기의 어항과 같고 제조업의 생산 설비와 같다. 난초의 생리보다 인간의 편리를 생각하면 실패할 확률이 높다. 난초를 통해 돈과 명예와 행복을 얻으려면 반드시 난초마다 포도당 부자가 되도록 만들어내야 한다.

그러기 위한 첫 번째 과제가 난초 머리 위에서 햇빛이 비치도록 하는 것이다. 난초 잎 윗면에서 광합성이 일어나기 때문이다. 아파트 베란다에서는 난초를 최대한 바닥으로 내려야만 조금이라도 잎의 윗면에 빛이 든다. 2단은 금물이다. 태양광 발전 모듈을 생각하고 난실 환경을 조성해야 한다.

그렇지 않았을 때 발생하는 문제점:

1. 난이 건강하지 않게 된다.

2. 웃자라게 된다.

솔루션(Solution):

1. 난실 지붕으로 햇볕이 내리쬐게 하라.

2. 잎이 누운 것을 선택하라.

3. 난대 높이를 최대한 낮추어라.

4. 난분 간 거리를 넓게 하라.

5. 대주가 아니라 2~3촉의 중주로 길러라.

2. 난초의 잎이 서로 닿지 않도록 환경을 조성하라.

| 난초의 잎이 서로 닿지 않는 거리로 조성

그 이유: 난초는 잎에 질병이 많다. 일명 피부병이라고 한다. 피부병은 관수 시물방울과 난실에 있는 선풍기 바람에 의해 옮겨진다. 그래서 난초 잎이 닿지 않도록 난대를 설치해야 한다. 공동재배장의 경우 옆 난실이 불결하거나 감염주가 많으면 피해를 볼 수 있으니 각별한 주의가 필요하다.

나도 농장의 주 전략 품종들은 감염과 작황을 고려해 잎끼리 닿지 않도록 안전거리를 유지시켜준다. 그리고 산채품은 가급적 들이지 않는다. 선물로 받은 난도주의한다. 혹시나 감염된 난이 유입될까봐 미리 조심하기 위해서다. 구제역 걸린

소를 자기 목장에 들일 바보는 없다. 꺼진 불도 다시 보자는 말이다.

그렇지 않았을 때 발생하는 문제점:

1. 잎끼리 부딪히다 피부병이 옮는다.

솔루션(Solution):

1. 필수 안전거리를 확보하고 유지하라.

2. 산채품은 살균, 살충을 철저히 하고 들여라.

3. 겨울철 온도 유지와 청결에 유의하라.

| 겨울철 난실의 환기는 매우 중요하다

그 이유: 난초는 한여름과 한겨울을 잘 나는 것이 중요하다. 특히 겨울철 난방기가 고장 나 영하로 내려가는 것을 방치하면 난초가 치명타를 입어 모두 몰살할 수도 있다. 동해로부터 지켜내는 것이 최고로 중요하다는 말이다. 대부분 전기로

작동되는 온열기나 난방기를 사용하는데 고장이나 정전이 되었을 때를 철저히 대비할 필요가 있다. 관유정은 정전이나 고장 등으로 난실 온도가 5도 이하로 내려가면 굉음의 벨이 울리고 당직자에게 신호가 간다. 그러면 당직자는 신속히 이동식 대형 캐비닛 부탄 난로를 작동시켜 온도를 유지한다.

겨울철 날씨가 좋아 온도가 10~15도 이상 오를 때는 난실 전체 환기가 매우 중요하다. 환기를 자주 하면 감염률이 많이 낮아진다. 난실 바닥의 청결도 중요하다. 난실 바닥의 병균이 전체 난을 감염시킬 수 있기 때문이다.

그렇지 않았을 때 발생하는 문제점:

1. 겨울철 난방에 실패하면 난실에 있는 모든 난을 몰살시킬 수 있다.

2. 겨울철 환기에 신경 쓰지 않으면 환기 불량으로 잎 반점 병이 생긴다.

솔루션(Solution):

1. 저온 감지 통보 시스템을 사용하고 야간 난실 모니터를 철저히 하라.

2. 유사 시 대체할 수 있는 발열 기구를 구비해놓는다.

3. 난실 바닥을 주기적으로 살균처리하라.(락스 활용)

4. 환기를 매일 시켜라.

07. 꽃 피우기-예쁜 꽃을 피우는 좋은 방법이 있나요?

1. 영양상태가 좋아야 예쁜 꽃을 피운다.

그 이유: 산모가 건강해야 건강한 아이를 순산할 수 있다. 잔병치레가 많거나 임신했을 때 약을 복용하면 장애아를 낳을 확률이 높다. 이런 이치가 난초에게도 그대로 적용된다. 난초도 영양상태가 좋은 것에서 예쁜 꽃이 핀다. 스트레스도 없어야 꽃잎의 왁스 층이 발달해 한층 아름다운 꽃을 피울 수 있다.

| 영양 상태에 따른 꽃의 영향. 좌) 하작 3촉 우) 상작 3촉

난초 포기(산모)가 건강하지 않은 상태에서 꽃대를 달면 유산의 아픔을 겪는다. 건강하지 않거나 감염 상태에 있으면 꽃대는 사그라져 주인의 부푼 꿈을 물거품으로 만든다. 같은 품종에 초세가 비슷해도 건강한 포기에서 핀 꽃은 빛을 발산해 번쩍인다. 그렇지 못하면 한눈에 보아도 병약해 보이는 안색을 하고 있다. 건강이란 바로 무병에 영양상태가 좋아 뿌리와 잎이 토실한 것을 말한다. 바이러스에 걸린 난이나 뿌리가 부실한 난들은 예쁜 꽃을 피울 수 없으므로 주의해야 한다.

그렇지 않았을 때 발생하는 문제점:

1. 꽃이 작고 특성 발현이 나쁘다.

2. 개화기가 짧아진다.

3. 개화 후 초세가 약해진다.

솔루션(Solution):

1. 연간 광합성 양이 많도록 해야 한다.

2. 건실한 뿌리 상태를 유지해야 한다.

3. 꽃대 수가 적정해야 한다.

4. 겨울철에 너무 차갑게 기르지 않아야 한다.

5. 바이러스에 걸린 난은 절대로 들이지 않는다.

1촉에 꽃이 피어 영양 상태가 충분치 않아 크기가 작고 형태가 틀어짐

2. 어른이 되기 전에는 꽃을 달지 않도록 신경 써라.

그 이유: 과수원에서 어린 사과나무를 접목하면 몇 해 되지 않아 꽃이 피고 열매가 달린다. 이때 유능한 과수원지기는 꽃을 모두 제거해버린다. 어느 정도 나무의 몸이 만들어진 후에 과일을 늘려가며 생산하기 위해서다. 난초가 꽃을 다는 과정도 과수원지기처럼 해야 한다. 초세가 약한 포기에서 꽃이 붙으면 제거해야 한다. 어차피 첫 꽃은 작고 볼품이 없다. 양계장의 초란을 보라. 작다. 첫 꽃과 두 번째 꽃을 제거하면 그 포기는 세력이 급격히 좋아진다. 그 후에 꽃을 피우면 정말 아름다운 색을 발현하고 꽃이 져도 세력을 잃지 않는다.

그렇지 않았을 때 발생하는 문제점:

1. 어린 촉에서 꽃을 피우면 꽃이 작고 특성 발현이 나쁘다.

2. 개화 후 초세가 급격하게 약해져 회복하는 데 오랜 시간이 걸린다.

3. 꽃의 세력을 감당하지 못하면 노화가 촉진된다.

솔루션(Solution):

1. 다 자란 잎 12장에 꽃 1송이를 계산해 피워라.

2. 잎 장이 10장 미만일 때는 화아분화를 억제시켜라.

3. 그래도 꽃이 붙으면 15일이 경과하기 전에 수술해 제거하라.

3. 전시회에 맞추어 개화를 시켜라.

그 이유: 원예적 가치를 판단받는 과정은 대부분 전시회를 통해서다. 그러므로 난초로 의미 있는 결과를 만들고 싶다면 다른 접근이 필요하다. 난초가 자라는 대로 꽃을 피우는 것이 아니라 전시회 일정에 맞춰 꽃을 피워야 한다는 것이다. 꽃 개화 시기는 온도 조절로 얼마든지 가능하다. 자신이 출품시키려는 전시회 일정을 점검해 개화시기를 맞추면 된다. 2월 상순경 꽃봉오리를 보았을 때 가만히 두어

전시회에 맞춰 개화-출품 10일 전

도 2월 하순에 필 것 같으면 주간 10도 야간 4도 정도로 차갑게 유지하면 된다. 반대인 경우는 주간 온도와 야간 온도를 높여 꽃대 상승과 개화를 촉진시켜야 한다.

그렇지 않았을 때 발생하는 문제점:

1. 원하는 시기에 꽃을 피우지 못하면 꽃의 가치를 인정받지 못한다.

2. 개화시기가 자연스럽지 않으면 꽃의 인상이 나빠질 수 있다.

3. 개화 시 과도한 스트레스를 받으면 꽃 개화가 멈춰질 수 있다.

솔루션(Solution):

1. 전체 일정을 고려해 차근차근 개화를 진행시켜라.

2. 저장양분이 충분하도록 튼튼히 길러야 한다.

3. 화경 신장을 조금 일찍 서둘러 개화 후 꽃과 화경 굳히기를 정확히 해주라.

08. 예방치료-병을 예방하는 방법과 치료방법은 무엇인가요?

뿌리가 깨끗하고 건강한 난

1. 가장 좋은 예방은 건강한 난초를 들이는 것이다.

그 이유: 나는 난초 강좌를 하면서 매 과목마다 잔소리처럼 강조하는 것이 있다. "난초는 뿌리가 제일 중요합니다"이다. 많은 입문자들이 뿌리의 중요성을 깊이 인식하지 않는다. '이 정도면 별 문제 없겠지' 하고 대수롭지 않게 생각한다. 하지만 뿌리는 만병의 근원이 된다.

뿌리가 좋지 않은 것은 한마디로 불량품이다. 뿌리야말로 이른 죽음, 감염, 세력저하, 꽃의 상태까지 결정한다. 뿌리가 나쁘면 양분 흡수율이 낮아 건강한 난초로 기를 수 없다. 그래서 가장 좋은 예방치료는 뿌리가 건강한 난초를 들이는 것에 있다.

그렇지 않았을 때 발생하는 문제점:

1. 살균과 살충을 성실히 해도 뿌리가 나쁘면 잘 고쳐지지 않는다.

2. 난실에 감염을 시킬 수 있다.

3. 양·수분 흡수율이 매우 낮아 세력을 높이기가 어렵다.

솔루션(Solution):

1. T/R율 80~100%를 들이고 뿌리의 생장점이 싱싱한 것을 선택하라.

2. 뿌리의 피부색이 좋고 피부가 잘 발달된 것을 선택하라.

3. 피부병이 없는 것을 선택하라.

4. 뿌리가 나쁜 것은 출하하라.

2. 예찰을 습관화해 미미한 질병도 미리 발견하라.

초기 감염 증상

그 이유: 사람은 감기에 걸리려고 하면 재채기가 나오거나 으슬으슬 한기를 느낀다. 콧물을 훌쩍거리기도 한다. 이때 감기에 좋은 차나 약, 민간요법으로 대처하면 큰 고생 않고 넘어간다.

난초도 다르지 않다. 난초가 아프면 반드시 예후가 보인다. 잎 색깔이 변하거나 냄새가 나거나 뿌리가 상하거나 한다. 이때 철저한 예찰이 습관화되었다면 초기에 병을 발견할 수 있다. 그러면 대부분 간단한 처치와 치료로 해결이 된다.

이상이 감지되었는데도 처치 능력이 없다면 가까운 난초 전문가에게 의뢰해 문제를 해결해야 한다. 경미한 경우는 원격으로도 진료가 가능하다.

그렇지 않았을 때 발생하는 문제점:

1. 예찰을 무시하면 작은 병이 큰 병으로 이어진다.

2. 난초 하나에서 시작한 병이 난실 전체로 번진다.

솔루션(Solution):

1. 난초의 분수를 줄여라.

2. 관수 시 잎 전체와 신아를 30초간 잘 살펴라.

3. 난초의 잎 끝과 뒷면을 잘 살펴라.

4. 한번 이상이 있었던 뿌리는 자주 검진해 잘 살펴라.

3. 관행 방제를 생활화하라. 관유정의 예

그 이유: 난초도 다른 작물처럼 몇 가지 중요 질병은 발병 시기가 있다. 이를 잘 파악해 미리 조치를 해주면 피해를 줄일 수 있다. 대표적인 발병 시기는 이렇다.

1. 3월 신아 속장 기부 암갈색 시듦병

2. 4~5월 신촉 떡잎 회녹색 곰팡이병

3. 6~7월 역병

4. 8~9월 갈색 뿌리 썩음병

5. 10~11월 검은색 뿌리 썩음병

위의 질병들을 잘 살펴 필요한 약제를 살포해주면 도움이 된다. 이를 소홀히 하면 큰 피해가 발생할 수 있다. 소 잃고 외양간 고치는 일을 당하지 않으려면 관행방제를 생활화하는 것밖에 없다.

그렇지 않았을 때 발생하는 문제점:

1. 병이 생긴 다음 치료를 하면 피해가 커진다.

2. 하루아침에 난초가 죽을 수 있다.

솔루션(Solution):

1. 3월 신아 속장 기부 암갈색 시듦병→1달 전부터 코리스 1000배 희석액을 작년 촉 속장 가운데에 살포.

2. 4~5월 신촉 떡잎 회녹색 곰팡이병→1달 전부터 스미렉스 1000배 희석액을 월 2~3 회 금년 신촉의 떡잎과 벌브에 살포.

3. 6~7월 역병→1달 전부터 프리엔 1000배 희석액을 월 2~3회 살포.

   신촉 무름병→1달 전부터 일품 1000배 희석액을 잎, 분내 뿌리, 신촉에 살포.

4. 8~9월 갈색뿌리 썩음병→1달 전부터 스포탁 2000배 희석액을 잎과 분내 뿌리 전 신에 살포하고 15일 후 몬카트 1000배 희석액을 살포.

5. 10~11월 검은색 뿌리 썩음병→1달 전부터 코리스 2000배 희석액을 잎과 분내 뿌리 전신에 살포하고 15일 후 오티바 2000배 희석액을 살포.

6. 다음 연간 관행 방제표를 활용해 병징에 따른 치료 관행화.

<한국춘란 연간 관행 방제표>

월별	병명	방제 -두 가지 약제는 15일 간격 로테이션-
12월	1년생 잎 세균성 검은무늬병: 월 1회 잎 뒷면 갈색 깨알점병: 월 1회 전신[4]	일품 or 아그리 마이신 전신 1000~2000배액 스포탁 or 몬카트 전신 2000배액
1월		
2월		
3월	갈색 깨알점병: 월 1회 작년 신촉 속잎 기부 마름병: 월 1회 1년생 잎 갈색 마름병: 월 1회	스포탁 or 몬카트 전신 2000배액 코리스 or 오티바 작년 촉 속장 2000배액 프리엔 잎 전체 2000배액
4월		
5월		

---

4 잎부터 뿌리까지

6월	역병 갈색뿌리 썩음병 탄저병/엽고병 신촉 무름병	프리엔 잎 전체 2000배액 스포탁 or 몬카트 전신 2000배액 코리스 or 오티바 전신 2000배액 일품 or 아그리 마이신 신촉 1000배액
7월	갈색 뿌리 썩음병 - 후사리움 탄저병/엽고병 신촉 무름병	스포탁 or 몬카트 전신 2000배액 코리스 or 오티바 전신 2000배액 일품 or 아그리 마이신 신촉 1000배액
8월	갈색 뿌리 썩음병 - 후사리움 탄저병/엽고병 신촉 무름병	스포탁 or 몬카트 전신 2000배액 코리스 or 오티바 전신 2000배액 일품 or 아그리 마이신 신촉 1000배액
9월	갈색 뿌리 썩음병 - 후사리움 탄저병/엽고병	스포탁 or 몬카트 전신 2000배액 코리스 or 오티바 전신 2000배액
10월	갈색 뿌리 썩음병 - 후사리움 탄저병/엽고병	스포탁 or 몬카트 전신 2000배액 코리스 or 오티바 전신 2000배액
11월	갈색 뿌리 썩음병 - 후사리움	스포탁 or 몬카트 전신 2000배액

※ 본 표는 상습 발병 난실을 기준으로 작성함. 관유정은 50%만 적용. 입문자는 6월과 9월만 적용하면 좋음.

09. 분갈이-분갈이를 해야 하는 이유는 무엇인가요?

1. 정기 건강검진을 하면 큰 병을 예방할 수 있다.

그 이유: 사람은 2년에 한 번씩 건강검진을 받는다. 가벼운 질병부터 무서운 암까지 미리 진단해 치료를 하기 위해서다. 많은 사람들이 정기적인 건강검진으로 병을 예방하고 치료한다. 건강검진만 꼼꼼히 받아도 건강한 삶을 유지할 수 있다. 난초도 다르지 않다. 난초에게 건강검진 같은 것이 분갈이다. 분갈이를 하면서 가벼운 질병과 무서운 병의 징후를 예찰해 치료하려는 것이다. 분갈이는 1년에 1회

는 반드시 하여야 안전하다. 아끼는 주요 전략 품종은 1년에 2회를 실시해야 더 안전하게 기를 수 있다. 분갈이는 상당한 기술을 요하는 만큼 정확히 배워야 한다. 그렇지 않으면 아까운 난초를 잃어버리는 경우가 허다하다.

그렇지 않았을 때 발생하는 문제점:

1. 질병을 미리 발견하지 못해 난을 죽일 수 있다.

2. 분내 물리적 환경을 깨끗하게 조성해주지 못해 잘 자라지 않는다.

3. 다음 신촉이 될 눈 조절을 하지 못해 상품을 생산하기 힘들어진다.

솔루션(Solution):

1. 분갈이 기술을 배운다.

2. 연 1~2회 반드시 분갈이를 한다.

3. 뿌리를 철저히 확인해 감염된 곳을 찾는다.

뿌리가 감염된 모습	후사리움균에 감염된 뿌리

2. 이상이 발견되면 난초 병원을 찾아 정확히 처방받아 완치시켜라.

그 이유: 분갈이를 하기 위해 난을 부었을 때 감염된 난초는 정확한 처방으로 완치를 시켜야 한다. 그런데도 많은 입문자들은 감염된 곳을 가위로 대충 잘라내고 약에 한 번 담그고 심는다. 정확하게 진단하지 않고 처방하지 않으면 반드시 재발되거나 병이 계속 진행된다. 사람도 그렇지만 재발이 되면 치료하기가 더 어렵다. 그러니 한 번 병이 발견되면 꼭 전문가의 도움으로 완벽하게 치료하고 완치시켜야 탈이 없다.

그렇지 않았을 때 발생하는 문제점:

1. 완치되지 않은 난초는 반드시 재발한다.

2. 완치되지 않은 난초로 난실 전체가 타격을 받게 된다.

3. 오진과 치료 미숙은 난초를 죽일 수 있다.

솔루션(Solution):

1. 이상이 보이면 난초 병원에 의뢰해 진료를 받아야 한다.

2. 처방전대로 꾸준히 치료한다.

3. 원인을 찾아 재발을 막아야 한다.

4. 생리장애는 원인을 찾아 재발을 막아야 한다.

5. 심하면 방출한다.

이대발 난 클리닉 센터 처방전	
증상	관수 시 신아가 움직이지 않고 윤기가 사라지며 잎의 팽압(혈압)이 낮아짐
진찰 소견	분을 부어 살핀 조형 검사에서 감염 부위가 4cm 나타남
병명	후사리움균 감염에 따른 뿌리 썩음병
상태	초기 감염 1기

발병 부위	2년생 뿌리 중 하단부 휘굽은 부위	
발병 시점	전년도 9~11월경	
원인	고압식 심기 부작용, 경석 비율 높침, 가을 검진 놓침, 난실 환경 불량, 관행 방제를 안 함	
당일 처치	수술 및 스포탁 2000배액 30분 침지 후 퇴원	
치료약	A-2차	몬카트 1000배액 30분 침지
	B-3차	2주 후 스포탁 2000배액 30분 침지
치료 설계	3차 치료 후 부어서 예후를 보고 2개월에 1번씩 A와 B를 로테이션하며 5, 7, 9월에 정기적 검진	
날짜	2017년 7월 30일	
진단 및 치료비	10만 원	
진료 담당	이대발 난 클리닉 센터장 - 농학박사 이대건 010-3505-5577	
추후 원격 진료	053-766-5935, 010-3505-5577 대구시 수성구 청호로 72	

※ 191쪽. 감염된 난초 처방전 예시

3. 스케일링을 반드시 하라.

그 이유: 치과에서 스케일링을 자주 받으면 건강한 치아를 유지할 수 있다. 충치나 흔들리는 이도 조치를 취할 수 있다. 이처럼 난초에게도 스케일링이 필요하다. 스케일링은 큰 병으로 전이되는 걸 차단하는 아주 효과적인 기술이다.

스케일링 시 가장 주의해야 하는 부분은 다음에 탄생할 첫 번째 액아(정아)의 위치를 살피는 것이다. 위치가 나쁘면 수술로 교정을 해주어야 한다. 뿌리의 위치를 파악해 신아가 성장하는 데 방해받지 않도록 해야 한다. 신아를 누르고 있거나 신아 위에 뿌리가 있다면 반드시 잘라줘야 한다. 마지막으로 갈변하는 탁엽을 관찰하는 것이다. 갈변한 잎에서 세균이 발생할 위험이 있으니 매우 주의해야 한다.

그렇지 않았을 때 발생하는 문제점:

1. 신아가 심각한 위치에 달려 있으면 큰 병으로 죽을 수 있다.

2. 뿌리가 신아 성장을 방해해 한 해 농사를 망치게 된다.

3. 갈변하는 탁엽이 신아 생장을 방해하고 유해균을 양성하는 원인이 된다.

솔루션(Solution):

1. 정아의 위치가 나쁘면 수술한다.

2. 액아의 수가 많으면 적아(액아를 수술해 제거함)를 시킨다.

3. 뿌리의 방향이나 위치를 살펴 신아가 성장하는 데 방해가 되지 않도록 한다.

4. 처마 잎이나 탁엽이 갈색이면 핀셋으로 따낸다.

① 스케일링 대상 분 선택

② 신아의 벌브 아래쪽에 박힌 난석 제거

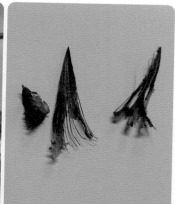

③ 모촉의 마른 떡잎 제거

④ 벌브 아래쪽까지 깨끗해지도록 세척

⑤ 신아의 방향에 간섭을 주는 뿌리 철사로 묶어 방향을 터줌

⑥ 신아의 벌브 아래 6시 방향 정아 발견 제거

⑦ 제거 후, 톱신 페스트 처리, 마르 면 상토를 덮고 마감프-K를 올림

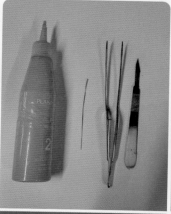

⑧ 도구들: 톱신 페스트, 아연 철사, 핀셋, 메스

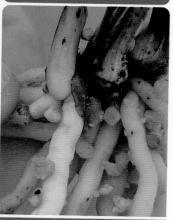

⑨ 스케일링 시 떡잎에 발생한 곰팡 이도 유심히 살펴야 한다

10. 전시회-작품은 어떻게 만들어야 하나요?

1. 작가가 돼 전시회에 출품하겠다는 꿈을 품어라.

그 이유: 난초에 발을 들인 사람이 오를 수 있는 최고봉은 작가가 되는 것이다. 작가가 최고 권위의 상징이다. 프로급의 작가는 더 말할 것도 없다.

나는 난초 강좌에서 프로 작가반과 심판 기술반을 운영하는데 반응이 좋다. 작가는 작품을 만들어내는 기술을 가진 사람을 말한다. 작품은 기술이 없는 사람이 형용할 수 없는 기술을 적용해 작품대회나 전시회에서 선을 보인 난초를 말한다. 난초로 세상에서 하나밖에 없는 작품을 만드는 것이다. 예컨대 한국에서 최고 수준의 중투 신문을 100명의 작가가 만든다면, 품종은 다 같지만 작품성은 수준여하에 따라 천차만별이다. 이렇듯 작품은 한 사람의 인생과 철학을 담아내는 작업이다.

나도 신문이란 품종으로 작품을 만들어 2009년부터 지금까지 출품을 하고 있다. 해마다 입상을 하다가 2019년에는 메이저대회에서 공동 1위를 했다. 완벽하였다는 찬사를 이끌어냈다.

그렇지 않았을 때 발생하는 문제점:

1. 농사짓는 농부를 벗어나지 못한다.

2. 전시회에서 평생 들러리만 서다가 마치게 된다.

3. 평생 초보자로 남다가 간다.

솔루션(Solution):

1. 체계적인 교육을 받고 도전해보라.

2. 자기 작품 세계관과 옵션을 구축하라.

3. 작품을 염두에 두고 전략품종을 들여라.

2. 작품을 만드는 순서와 몸 만들기를 배워야 한다.

그 이유: 작품은 무감점을 향한 고단한 여정이다. 그저 열심히 하는 것이 아니라 궁극적으로 추구해야 하는 아름다움이 무엇인지 알고 도전해야 좋은 결과를 얻는다. 작품관이 명확해야 하고 그 과정도 꿰뚫고 있어야 의미 있는 작품을 만들수 있다. 무엇보다 작품을 만들 수 있는 세력, 즉 건강한 난초를 배양해야 작품으로 연결될 수 있다는 것을 기억해야 한다.

전시회로 작품이 인정받으면 두고두고 현역으로 활동할 수 있다. 그것이 하나둘 쌓이면 큰 대회 심판으로도 활동이 가능하다. 한번 궤도에 오르면 작품의 완성도는 해가 갈수록 높아진다. 한번 챔피언이 되는 것이 어렵지, 그다음은 그리 어렵지 않다. 전시회에서 최고의 상을 받으면 돈도 명예도 자연스레 뒤따른다.

그렇지 않았을 때 발생하는 문제점:

1. 난초를 배양하는 정체성이 없어져 만족도가 떨어진다.

2. 난초로 명예를 얻을 수 없다.

3. 전시회에서 평생 들러리만 서다가 마치게 된다.

솔루션(Solution):

1. 재배생리를 통달해야 한다.

2. 전략품종을 선택하고 도전해야 한다.

3. 건강한 난초를 배양하는 기술력이 있어야 한다.

4. 자기 작품 세계를 구축하라.

3. 작품 완성과 장식을 배워라.

그 이유: 난초는 예술이다. 예술은 각자의 영역에서 요구하는 수준을 갖추어야 인정을 받는다. 나만의 주관적인 방식을 고집해서는 좋은 평가를 받을 수 없다. 그래서 예술에 종사하는 사람들은 그 체계를 배우기 위해 양성기관에서 교육을 받

는다. 난초도 다르지 않다. 애써 기른 작품이 좋은 평가를 받으려면 완성도 있는 작품과 장식도 배워야 한다.

작품을 완성하려면 화경(꽃대)에 연한 철사를 감지 않아야 한다. 봉심을 낚싯줄로 감아서 전시회에 출품하는 경우도 있는데 이것도 큰 감점요인이다. 꽃의 방향도 한 곳으로 모아져야 한다. 화분도 중요하다. 생활분인 플라스틱이나 낙소분에서 기르던 대로 출품하면 실격이다. 난초와 어울리는 장식용 화분에 옮겨 심고 화장토도 새로 입혀야 한다. 잎에 묻어 있는 농약의 흔적도 닦고 잎 끝 마름의 흔적도 제거한 후 출품해야 한다. 난초를 올릴 멋진 좌대도 필요하다.

그렇지 않았을 때 발생하는 문제점:

1. 전시회에 출품해도 좋은 성적을 기대할 수 없다.

2. 애써 지은 농사가 헛고생이 될 수 있다.

3. 전시회에서 평생 들러리만 서다가 마치게 된다.

솔루션(Solution):

1. 한국적인 아름다움의 기준을 익혀라.

2. 꽃대를 올리고 예쁘게 피울 수 있는 방법을 익혀라.

3. 각종 전시회를 견학하며 멋진 작품 수준을 배워라.

4. 아름다운 작품을 만드는 방법을 익히고 꾸준히 연습하라.

5. 정확하게 배워라.

중투 아가씨

제6장

춘란으로
재테크에
성공하는
비결

한국농수산식품유통공사(AT)에서 매월 춘란 경매를 하는 이유

2014년 6월 24일 양재동 화훼공판장에서 한국춘란 경매가 시작됐다. 한국농수산식품유통공사(AT)에서 매월 춘란 경매가 이루어지고 있는 것이다. 경매가 이루어지기 전까지 한국춘란은 문화 예술적 가치가 높지만 소규모 애호가나 동호인 중심으로 거래가 되었다. 음성적으로 거래가 되다 보니 잠재가치에 비해 시장이 활성화되지 못했다. 그래서 정부가 제도권 안에서 경매를 실시하여 시장을 활성화하려고 개장했다. 한국춘란이 도시농업과 원예치료적 효능에 힘입어 사회적으로 관심을 받은 것이라고 볼 수 있다.

AT센터에서 춘란 경매가 이루어진 것에도 일정 부분 나의 공이 있다. 나는 해마다 대구 꽃박람회에 참여해 춘란을 홍보했다. 2011년에 개최된 박람회에도 참여했다. 그때 대구시 농업기술센터 소장님께서 한 분을 소개해주셨다. 바로 김재수 전 농림수산식품부 장관이셨다. 장관님(당시 차관)은 나의 난초 부스를 보더니 깜짝 놀라시며 "난초가 이렇게 비싼 게 있군요?" 라고 물었다. 그러면서 춘란의 메커니즘에 대해 궁금해했다. 나는 성심성의껏 질문에 답을 했다. 그분이 훗날 AT센터 사장으로 부임해 경매센터를 신설했다. 한국춘란이 일자리 창출의 신성장 동력으로서 주목받기 시작한 쾌거였다.

한국춘란의 매매는 알선이나 난실을 방문해 이루어지는 경우가 많았다. 특별한 경우로는 판매 전시회나 큰 규모의 대회가 열리는 곳에서 많은 양의 난들이 매매되기도 한다. 요사이는 SNS상으로 품종을 들이는 경우도 많다. 구입처가 불특정 다수이다 보니 증식이 되어 출하하려고 할 때 마땅한 판매처를 찾기 어려웠다. 그래서 다시 SNS상으로 직접 출하하는 경우가 늘어나고 있다. 이런 부분을 AT센터가 일정 부분 해소해 주었다. 춘란계가 한 단계 도약할 수 있는 장을 마련해준 것이다.

한국춘란은 판매자의 주관적 가치 기준에 의해 값이 결정되는 게 관례였다. 생산자의 기술력이나 상품의 질과 상관없이 가격이 책정된 것이다. 그래서 늘 형평성에 의문을 제시하는 사람들이 많았다.

보통 한국춘란의 가격을 논할 때 앞으로 발생될 가치에다 현재 가치를 덧붙여서 결정을 한다. 개체수가 얼마나 되느냐에 따라 값이 매겨지기도 한다. 그러나 이런 부분은 간과하고 판매자의 성향에 따라 가격이 책정되는 경우가 많았다. 똑같은 품종과 품질의 난초도 판매자에 따라 가격이 천차만별이었다. 이런 문제도 AT센터에 의해 자리를 잡아갈 수 있었다.

오지나 벽지에서 난을 채집하거나 생산 또는 취미로 기른 사람들은 난초를 출하할 길이 없었다. 개체수는 늘어나는데 판매를 못하니 시장이 활성화되지 않았다. 이 점도 AT센터에 의해 일정 부분 해결이 되었다.

AT센터에서 경매가 진행되는 날이면 경매장 옆에서 춘란 정찰 판매가 이루어지는 진풍경이 펼쳐지기도 했다. 전국에서 관광버스를 타고 방문한 사람들이 난을 사고팔며 정보를 교환하기도 했다. 춘란시장이 활성화되기 시작한 것이다.

AT센터가 춘란계에 긍정적인 영향을 많이 주었지만 단점도 있었다. 품질이 미흡한 난들이 출품돼 유찰되거나 낮은 품질로 가격이 형성되면 "얼마에 팔렸더라"라는 말만 난무해 고품질의 난도 저평가를 받기 일쑤다. 난초 품질을 직접 보지 못한 사람은 경매센터에서 형성된 가격을 곧 정찰로 인식했다. 그러다 보니 정상적인 상품도 저평가를 받게 되었다. 어떤 이들은 경쟁 제품을 유찰시켜 가격 하락을 부추기는 일도 했다. 품종의 전반적인 상황보다 AT센터에서 당일 정해진 금액이 곧 정찰로 인식되었다는 이야기다. 사정이 이렇다 보니 일부 특정 품종에 따라 시장이 재편성되기도 했다. 이 부분만 해결된다면 AT센터는 한국춘란이 발전하는 데 많은 도움이 될 수 있다. AT센터가 차려진 목적에 맞게 빛이 나도록 역할을 잘 해야 한다.

　AT센터에서 춘란 경매가 이루어진다는 것은 그만큼 가치를 인정받고 있다는 것이다. 부가가치가 있는 작물로 앞으로 기대도 크다. 난초가 도시농업의 한 축을 담당하고 있어 정부가 주도적인 역할을 자처하려고 노력하고 있다는 반증이다. 그러니 입문자들은 한국춘란의 미래에 대해 너무 비관적으로 보지 않았으면 한다. 정부의 주도 아래 시장이 형성되었으니 말이다. 서로가 믿고 질서를 유지하기만 하면 앞으로 얼마든지 성장가치가 있는 산업이 바로 한국춘란이다.

| AT센터 춘란 경매 현장

한국춘란 가이드북 입문편

취미와 영리를 철저히 구분하고 시작하라

무엇이든 그 시작점이 중요하다. 어떤 목적으로 시작하느냐에 따라 그에 따른 결과가 뒤따른다. 열심히 하는 것보다 더 중요한 것은 무엇을 위해 열심히 해야 하는가를 아는 것이다. 무작정 열심히만 하면 아무런 결과도 얻기 힘들다.

"자기가 어디로 가고 있는지를 아는 사람은 세상 어디를 가더라도 길을 발견한다."

데이비드 스타 조르단의 말이다. 춘란에 입문해보고 싶다는 마음을 품고 있다면 이 말을 잘 새겨들어야 한다. 취미의 영역으로 접근할지, 작품을 할 것인지, 유통이나 농장을 할 것인지, 아니면 알선이나 에이전시를 할 것인지를 미리 선택하고 접근하라는 말이다.

난초는 취미와 영리가 함께 공존하는 아주 특이한 농업이자 문화예술이다. 취미로 시작했는데 자연스레 영리도 얻을 수 있다. 그래서인지 춘란 판매장에는 도매나 소매라는 개념이 없다. 모두가 도매를 할 수 있고 상인도 될 수 있다. 판매를 목적으로 하지 않고 오로지 취미의 영역에서 즐길 수도 있다. 그래도 난초에는 영리가 공존하고 있어 누군가 자신이 기르고 있는 난초에 관심을 갖게 되면 판매를 하게 되는 경우가 발생한다.

그런데 여기서 하나 짚고 넘어가야 할 부분이 있다. 자신이 춘란으로 돈을 조금이라도 벌어보고 싶다면 시작하는 목표를 명확히 설정해야 한다는 것이다. 정체성을 명확히 정해놓지 않으면 바라는 목표를 달성하기 어렵기 때문이다. '대충하다 팔면 돈이 되겠지?'라는 생각은 전혀 도움이 되지 않는다. 취미의 영역으로 선택할지 영리를 목적으로 접근할지 분명히 해야 한다.

그럼 취미인지 영리인지를 정하고 시작하는 것이 어떤 의미를 가져다주는지 살펴보자. 먼저 취미의 영역이다. 취미는 즐거움이 목적이다. 피땀 흘려 번 돈을 투자하며 하는 것이 취미다. 인간은 돈보다 나은 가치를 향유하려고 한다. 그 속에서 즐거움과 행복을 찾을 수 있다고 생각하기 때문이다. 자기 삶을 풍요롭게 하려는 것은 인간의 본능이다. 이것이 취미가 가진 순기능이다.

나의 취미는 음악이다. 난초는 업(業)이자 일이다. 그래서 나는 난초보다 음악을 더 사랑한다. 음악이 없었다면 난초 세계에서 받은 수많은 스트레스를 견디지 못했을 것이다. 음악으로 그날그날 쌓인 스트레스를 풀지 않았다면 나는 아마 반쯤 미쳐 있을 것이다.

취미의 반대 개념은 경제활동이다. 치열한 경쟁 속에서 자신이 원하는 지위나 소득을 얻기 위해 하는 활동을 말한다. 이 과정에서 다양한 압박과 스트레스를 받는다. 만병의 근원이 여기서 비롯된다. 이 문제를 해결하지 못하면 건강한 삶을 살아가기 힘들다. 그래서 취미활동을 한다. 경제활동 과정에서 발생한 역기능을 해결하기 위해서 취미활동을 하는 것이다.

내가 이런 메시지를 전하면 "몇 천만 원에서 몇 억 원하는 난초가 과연 취미가 될 수 있냐?"고 반문한다. 나는 고민 없이 바로 "그래서 취미의 영역이다"라고 대답해준다. 예를 들어 5~9억 하는 스포츠카를 구매해 타는 사람들은 그 차로 영업을 하지 않는다. 물론 사업을 위해 스포츠카를 타는 사람도 있지만 대부분 자신이 좋아서 스포츠카를 탄다. 차를 타다 보면 5억짜리 차가 2억이 되고 그 이하로도 내려

간다. 그래도 마니아들은 그것을 낭비라고 생각하지 않는다. 소장의 목적과 약간의 과시욕이 있을 수 있지만 그 또한 가치를 돈으로 바꾼 것이다. 이모두가 즐겁게 타는 것에 목적을 두었기 때문이다.

이제 영리란 무엇인지 살펴보자. 영리는 삶을 유지하고 영위하기 위해 필요한 활동이다. 즉 돈을 벌려고 하는 일체의 행동이 영리활동이다. 스트레스를 받아가면서도 해야 하는 활동이다. 그래야 먹고살 수 있기 때문이다.

근래 난초로 영리를 얻겠다고 뛰어든 사람들이 많아졌다. 도시농업 열풍으로 생긴 현상이다. 그런데 막연한 생각으로 덤비는 사람들이 대부분이다. 물론 철저히 준비하고 기술을 익히며 시장조사까지 마치고 사업계획을 세워 임하는 사람도 있다. 하지만 이들도 치열한 경쟁 속에서 살아가기가 어려운 것이 현실이다. 20~30년 난초를 업으로 삼아 살아가는 사람도 현실이 그리 녹록치 않다는 것을 이구동성으로 이야기한다.

어느 세계나 그렇듯이 고수익을 올리며 승승장구하는 사람이 있는 반면에 실패하는 사람도 부지기수다. 내가 우려하는 것은 철저히 준비해도 성과를 올리기 힘든 세계에 주먹구구식으로 덤벼서는 곤란하다는 것이다.

24시간 난초만 생각하는 프로들도 쉽지 않은 곳에서 수익을 창출하려면 시작부터 방향성을 명확히 해야 한다. 실패의 쓴 잔을 맛본 사람들은 대부분 정체성을 명확히 하지 못했기 때문이다. 괜히 겁준다고 생각하지 마라. 저변확대를 그렇게 부르짖고, 내가 가진 기술을 전해주기 위해 평생을 바친 내가 이렇게 핏대를 세우는 것은 실패하는 사람이 나오지 않기를 바라기 때문이다. 현재 난계는 황금기가 아니라 적자생존의 치열한 링과 같다. 그렇다고 희망이 없는 것은 아니다. 내가 전해주는 플랜을 이해하고 적용하면 최소한 폭삭 망하는 일은 없을 것이다.

많은 사람들이 처음에는 취미로 춘란을 시작한다. 그러다 시장을 파악하고 기회가 생기면 영리 쪽으로 고개를 돌린다. 그러면서 서서히 구색을 갖추기 위해 고가의 춘란 매입도 서슴지 않는다. 자신도 모르는 사이에 영리를 목적삼아 춘란을 대하게 되고 때로는 빚을 내기도 한다. 무리한 투자가 결국 자기 발목을 잡는 족쇄가 되고 만다. 취미로 고가의 난을 매입해 즐기는 것과는 차원이 다르다는 이야기다.

그럼 어떻게 하면 치열한 경쟁 속에서 돈을 벌 수 있을까? 현재 난계에서 프로라고 하는 분들은 대부분 유통과 알선에 치중하고 있다. 그래서인지 모르지만 대체적으로 생산 기술 체계가 미흡하다. 이 틈을 노려 입문자들은 생산 기술을 익히고 전략을 세워 임하면 바라는 성과를 올릴 수 있다. 다만 비사업용(취미용)과 사업용(영리용)을 정확히 구분해야 한다. 승용차도 아니고 화물차도 아닌 용도의 자동차는 안 된다는 것이다. 이 두 갈래를 정확히 구분해 우선순위를 정해 시작하면 좋은 성과를 거둘 수 있다.

품종 이름값으로 전략상품을 결정하지 마라

춘란으로 재테크를 하거나 용돈벌이라도 하고 싶다면 구입할 때부터가 중요하다. 첫째는 바이러스가 없는 건강한 난을 들이는 것이고, 두 번째는 전략상품으로 삼을 만한 난이 어떤 것인가를 이해하는 것이다. 아무리 건강해도 훗날 재화로 바꿀 때 그 가치를 인정받지 못하면 헛일이기 때문이다.

우리 난계는 지난 50년간 천문학적인 숫자의 난들이 채집되었다. 수많은 난이 채집돼 가정으로, 인공배양 장으로 향했다. 그렇게 많은 난이 사람에 의해 배양되었지만 모든 난이 하나의 정확한 품종으로 인정받지는 못했다.

품종이라 함은 난계가 요구하는 정확한 코드에 부합할 때 인정받는 것이다. 품종은 목적에 따른 계열과 고유의 이름을 뜻하는 것으로 나뉜다. 자동차를 예로 들면 계열(예)은 승용차인지, 화물인지, 버스인지를 구별하는 것이다. 고유의 이름은 모델명과 같다. 에쿠스, 포터, 티코 등이다. 난으로 본다면 원명(황화), 세홍소(주금화 소심), 반달(소심) 등이 품종이라는 의미다. 계열은 품종명이 아니다. 품종이 속해 있는 집단(장르)을 말하는 것이다.

내가 데뷔시킨 '원명'의 품종 계열(장르)은 황색화이다. 원명은 황색화 집단에 속한 하나의 선수명인 셈이다. 원명은 100퍼센트 국내산이고, 2007년 정상균씨에 의해 산채가 되었다. 원명의 사양은 이렇다. '잎이 짧다, 진한 녹색이다, 중수엽이다, 꽃이 둥글다, 봉심이 단정하다, 화근이 없다, 립스틱이 빨간색이다, 전체적인 어울림이 좋다', 이렇게 8가지 사양을 갖추었다. 그래서 다들 좋아한다. 오죽 예뻤으면 대만에서도 난 전부를 사려고 했을까?

원명은 2015년 상작(잎 장수 6장에 뿌리 6가닥)이 1,800~2,000만 원까지 매매가 되었다. 어떻게 해서 잎 한 장 값이 166만 원의 부가가치를 발생시켰을까? 또 구입하는 사람들은 왜 거금을 들여서 원명을 샀을까? 그것은 다른 황화에서는 볼 수 없는 8가지의 옵션과 함께 꽃잎이 진한 노랑을 갖추었기 때문이다. 당시 짧고 진한 초록색 잎에서 진노랑 꽃이 피는 것이 너무나 인상적이어서 나 또한 돈을 지불했다. 이런 복잡하고 정교한 과정 속에서 부가가치가 형성된다.

원명을 산다고 모두가 영리행위를 한 것은 아니다. 평소 작품으로 만들고 싶었던 옵션을 갖추었기에 기쁜 마음으로 구입하는 것이다. 일본과 중국산에서는 없는 옵션을 원명이 갖추었기에 나도 구했던 것이다.

춘란으로 의미 있는 결과를 만들고 싶어하는 입문자들은 이런 과정이 있다는 것을 모른다. 어느 누구도 이런 상세한 설명을 해주지 않는다. 지식이 없어서일 수도 있고 자신만 알고 싶어서일 수도 있다. 그래서 많은 입문자들이 주변의 흐름과 눈치로 난을 들여 실패를 경험하곤 한다. 그러니 어떤 과정으로 전략품종을 선택하면 좋을지 잘 생각하고 결정해야 한다.

옵션은 핵심 사양을 결정하는 필수 옵션과 선택적 옵션으로 나뉜다. 필수요건인 상위 옵션이 갖춰지지 않으면 하위 옵션이 아무리 좋아도 좋은 결과를 얻기 힘들다. 상위 옵션이 충족된 후 하위 옵션을 따져봐야 한다. 나의 경우 봉심이 벌어지면 황화라도 거들떠보지 않는다. 꽃을 볼 때 봉심은 내가 정하는 필수 옵션 중 1순위이다. 필수 옵션에서 좋은 점수를 받을 수 없다면 그 다음 옵션에도 관심을 갖지 않는다는 것이다. 이 부분은 잎과 꽃의 아름다움 기준을 참고하면 된다.

메이커 브랜드만 보고 맹목적으로 품종을 고르면 후회할 일이 생긴다. 가령 발렌타인 위스키의 품종이 좋다고 하면 초보자들은 귀가 솔깃해 관심을 갖는다. 그러나 발렌타인 위스키는 12년, 15년, 17년, 19년, 21년, 30년 식이 있다. 또 연식마다 용량마다 값이 다르다. 가짜도 있다. 그러니 브랜드만 따져서 무턱대고 구입하려는 생각을 버려야 한다. 벤츠라고 다 좋지 않은 것과 같다. 벤츠여도 옵션이 좋지 않으면 더 나은 국산차보다 저렴하다. 반드시 옵션을 따져보는 습관을 기르는 것이 필요하다.

나는 이런 이유로 시장에서 좋다고 소문난 난을 무턱대고 들이지 않는다. 반드시 사양을 확인하고 결정한다. 소문이 아니라 옵션 구비가 제대로 되었는지를 살핀 후 매입한다. 이렇게 했더니 실패하지 않고 지금까지 명성을 유지하고 있다. 내교육을 받고 따라오는 고객들의 주머니도 두둑하게 챙겨줄 수 있었다.

소문난 잔치에 먹을 것이 없다는 속담이 있다. 난초에 입문하고 전략품종을 골라야 하는 시점에 있다면 이 속담을 마음에 새겨야 한다. 반드시 난초의 옵션을 분석하고 그에 걸맞은 가격이 책정되었는지도 따져보아야 한다. 비싸다고 다 좋은 것은 아니기 때문이다.

이름만 보고, 누가 좋다고 추천해준 것만 믿고, 전시회에서 상 받은 것에만 의존하면 안 된다. 옵션으로 무엇 무엇이 들어 있는지, 내가 추구하는 옵션과 일치하는지, 또 그 옵션들이 누가 길러도 잘 나타나는지, 자신의 환경에 적합한지, 레벨에 맞는지를 정확히 계산해 전략품종을 선택해야 한다. 그러면 실패할 확률이 줄어든다. 이 부분은 입문자들이 꼭 새겨두어야 할 내용이다.

산채품은 피하고 확실한 옵션에 투자하라

산채품은 난을 함에 있어 매우 중요한 부분이다. 시중에 유통되는 모든 한국춘란은 산채로부터 시작되었기 때문이다. 산채품을 빼놓고는 한국춘란의 현재와 미래 부가가치도 논할 수 없다.

산채품이라는 말은 자연 속에 있는 난을 그대로 채취한 날것을 말한다. 일명 자연산이다. 자연산 중에서도 갓 잡아올린 활어와 같다. 우리는 자연산을 양식보다 더 낫다고 생각하는 경향이 있다. 그래서 산채돼 뿌리에 흙이 묻어 있거나 채란할 당시 사진으로 보증을 하면 훨씬 비싼 값에 판매가 된다.

하지만 모든 사람들에게 인정받는 난초는 인공재배 과정을 통해 인간과의 적응을 마친 것들이다. 인간에 의해 길들여지고 살아남은 것만이 우리 곁에 머물러 있다. 아무리 멋지고 좋은 옵션을 가지고 있어도 적응하는 기간에 죽으면 평생 아쉬움 속에 살아간다. 난을 오래한 사람들 중에 그런 난초 하나쯤은 모두 있었다. '그때 그 난초만 살아 있다면 내 인생은 달라졌을 텐데' 하고 아쉬워한다. 그러니 산채품에 대한 과도한 기대는 금물이다.

그렇다고 산채품을 폄하하는 것은 아니다. 나의 효자 종목인 원명도 산채품을 잘 만난 행운 덕분이다. 그러나 주변의 애란인들 중 산채품에 기대를 걸고 투자했다가 경제적인 손실을 당한 사람이 상당하다. 그 이유가 무엇 때문인지 살펴보겠으니 입문자들은 기억하길 바란다.

야생에서 만난 산채품은 나만이 가질 수 있다. 첫사랑이다. 이것이 문제다. 산채품은 헌팅의 요소가 강하게 작동돼 냉정한 잣대로 판단하기가 어렵다. 흥분 상태로 난을 바라보게 돼 과도한 기대를 갖는다. 그러나 대부분이 기대에 부응하지 못한다. 기대하는 대로 결과를 얻는 경우는 지극히 소수에 불과하다. 한두 사람의 성공 이면에는 수많은 실패자가 있다는 것을 기억해야 한다.

산채품을 바라볼 때 유의해야 할 점이 있다. 눈앞에 보이는 산채품이 성촉이 된 상태인지를 따져보아야 한다는 것이다. 성촉이 되었는지 아닌지 판단하는 것은 매우 중요하다. 어렸을 때 예쁜 아이가 성장하면서 전혀 다른 모습으로 변한 것처럼 어린 유묘도 성장하면서 다른 모습으로 변화될 수 있기 때문이다. 예상과 다르게 변화를 일으키는 경우가 다반사라는 말이다.

산채품의 대부분은 생강근이 달인 여린 촉이다. 만 1년 미만의 유묘이다. 이런 난은 성촉이 되면 느낌이 180도로 달라지는 경우가 있다. 특히 잎이 누르스름한 것들이 많이 있는데 이들을 집에서 길러보면 대부분이 초록색으로 돌아간다. 더 노랗게 된다고 해도 그게 무슨 의미가 있겠는가. 미미한 변이라면 의미가 없다. 정확해도 10여 가지의 옵션 중 상위 옵션 한두 가지라도 갖추지 못했다면 민춘란만 면한 것일 뿐이다.

산채품은 환경적인 이유로 착각을 불러일으키기도 한다. 직설적으로 표현하면 변이종이라고 생각하는 것들 중 상당수는 어쩌다 장애로 인해 얼룩덜룩하게 보이거나 양분의 결핍으로 장애를 일으킨 것이 원인이다.

어쩌다 변이종에 들었다 하더라도 재현성이 결여되었다면 이 또한 의미가 없다. 재현성은 누가 어디서 길러도 똑같은 유전자 특성이 나타나는 것을 말한다. 이 또한 쉬운 일이 아니다. 재현에 성공하지 못하면 구입하는 사람이나 판매하는 사람 모두 신용에 금이 간다.

　과거 나에게 한 통의 전화가 왔다. 엄청나게 좋은 복색화가 산채되어 대구로 왔는데 값이 아주 비싸 감정을 해달라는 전화였다. 실물을 보았는데 그 난은 일본춘란이었다. 누군가 야생에 심어놓은 것을 산채한 것이었다. 또 한 번은 대구 팔공산에서 기가 막힌 복륜이 산채되어 즉석에서 매매가 된 일이 있었는데, 사실 그 난은 일본춘란 제관이었다. 생강근도 튼실했고 야생에서 혹독하게 자란 모습이 신기했지만 일본춘란이었다. 한바탕 소동으로 치부하기에는 피해자가 당한 고통이 너무 컸다.

　산채품은 감염된 것들이 많으니 난실에 들이는 것도 신중하게 생각해야 한다. 자신이 애지중지 기르던 난들이 감염된 산채품 때문에 비운의 운명을 맞이할 수 있기 때문이다. 기대할 수 있는 산채품을 제대로 소독하고 들여도 인공재배 장의 환경에 적응해야 한다. 이때도 많은 산채품들이 적응하지 못하고 죽음을 맞이한다. 채집 당시 생긴 상처로 자라는 동안 세력을 잃는 경우도 있다. 이런 여러 가지 상황을 종합해볼 때 입문자들은 산채품에 너무 기대를 하지 않았으면 한다.

　입문자들이라면 미래를 담보할 수 없는 산채품에 기대하기보다 그 돈을 모아 확실한 결론을 담보할 수 있는 난을 들이는 쪽을 선택하길 바란다. 확실한 옵션에 투자하는 것이 실패할 확률을 줄이는 길이기 때문이다.

난초 450만 원짜리 1촉은 송아지 1마리와 같다

춘란은 농촌에서뿐만 아니라 도시농업에서도 한 축을 담당하는 데 적격이다. 다른 농작물에 비해 생산성이 아주 좋다. 축산과 견주어도 손색이 없을 정도로 돈을 잘 벌 수 있는 종목이다. 그 의미를 축산의 꽃인 한우를 기르는 것과 견주어 설명해보겠다.

한우를 생산하는 농가의 소득 구조를 유튜브로 설명한 내용을 보았다. 한우를 생산하고 있는 농장주가 송아지 한 마리를 450만 원에 구입해 30개월을 길러 출하하면 마리당 수익은 월 5~6만 원 정도라고 한다. 물론 농가마다 차이는 있을 것이다. 이분은 200마리를 길러야 월 1,000만 원의 수익을 낼 수 있다고 했다. 인건비와 시설물 설치상환금액, 감가삼각비를 제외한 사료 값 등을 계산한 금액이란다. 그나마 등급이 잘 나오지 않으면 수익보다 손해가 날 확률도 발생할 수 있다고 했다. 치명적인 바이러스에 감염되거나 파동이 오면 도산하는 경우도 발생한다.

한우는 생산하기만 하면 100퍼센트 국가 기관에서 사준다. 우수한 품질의 한우를 생산하면 좋은 등급으로 판매가 가능해진다. 종자가 수익과 직결되므로 축산 농가들은 좋은 종자를 들이기 위해 정성을 기울인다. 생산 기술과 환경도 최고 수준을 유지하려 한다. 그래야 높은 등급의 한우를 최소한의 경비를 들여 생산할 수 있기 때문이다. 그래도 안정적인 수익을 얻으려면 적은 마리수로는 불가능하다. 생산에서 출하까지 기간이 길어서 그렇다. 이게 한우 축산농가의 현실이라고 한다. 그럼에도 많은 사람들이 축산에 뛰어들고 있다.

한국춘란도 한우 축산농가와 메커니즘이 비슷하다. 모두가 그런 것은 아니지만 내 교육생들은 대개 1~2년생 성촉(정상적인 잎 길이와 폭 6장, 뿌리 6개)을 약 400~600만 원 정도에 구입한다. 품종은 주로 황화는 원명, 색화 소심으로는 황금소를 선택한다.

이분들도 축산농가처럼 약 30개월을 기른 후 출하를 한다. 1촉이 매년 1번의 출산을 해 햇수로 3년이 경과하면 4~5촉으로 증식된다. 이때 출하를 하는 방식이다. 주로 꽃 1~2송이를 달아서 출하한다. 꽃이 붙은 것들은 선호도가 높아서 100 퍼센트 출하가 된다.

출하 시 OEM 방식은 촉당 평균 약 60퍼센트에, 직거래 타입은 평균 70퍼센트선으로 출하된다. 내 교육생들은 OEM 방식을 선호한다. OEM 방식으로 생산하는 농가들에게는 출하 걱정이 없다.

여기서 450만 원짜리 품종 상작 4촉으로 늘어난 경우는 촉당 450만의 60퍼센트이니 270만 원이 된다. 평균 4.5촉이니 합치면 1,215만 원이 된다. 1,215만 원에서 원가를 빼면 765만 원이 된다. 생산비로 비료와 살균 및 살충제, 분갈이 비용과 고사하는 비율, 금리 약 65만 원을 빼면 700만 원이 남는다. 이걸 월 수익으로 환산하면 23만 원이 된다.

이때 전제돼야 할 점은 자신이 생산한 난초가 반드시 정품이어야 한다는 것이다. 정품은 바이러스 무감염, 곰팡이와 세균이 없는 것을 말한다. 또한, 6장의 잎장과 6개의 뿌리와 충실한 액아도 5개 이상 있어야 한다. 생산 환경과 설비, 기술과 생산자 노력이 부족하면 등급 외 판정을 받아 판매를 못 할 수도 있다.

소도 병사를 하면 끝이고 춘란도 생물인지라 죽을 수 있다. 그러나 일정 규모의 소득을 만들고자 하는 경우의 농가들은 보통 20~30촉씩 생산하므로 1~3퍼센트의 문제가 생겨도 큰 어려움은 없다.

한우는 문제가 생기면 정부가 일정 부분을 보상해주므로 손해율이 아주 크지는 않다. 또한 축산에는 전문 인력이 있어 문제가 발생하면 해결책을 찾기 쉽다. 하지만 춘란에는 그런 보장제도가 없다. 전문 인력도 부족하다. 그래서 위험성이 큰 편이다. 내가 이 책을 집필한 이유도 위험성을 줄이는 데 일조하고 싶어서다. 전문적인 지식으로 피해를 줄이고 기술적인 문제를 보완하기 위해 글을 쓰는 것이다. 아무튼 내가 제시하는 방법대로 한다면 한우의 5배이니 20촉을 생산하면 한우 100마리를 기른 만큼의 수익이 난다. 아파트 베란다에서도 많은 수익을 올릴 수 있으니 소 70~100마리 정도의 월 200~300만 원 정도는 설계를 어떻게 하느냐에 따라서 본전을 회수하고도 노후를 안전하게 충분히 지킬 수 있다. 그래서 춘란은 한국 농업 역사상 유래가 없는 농작물이 된다. 이 부분이 바로 한국춘란이 도시농업으로서 얼마나 가치가 있는 대표적 작물인지를 잘 알게 하는 대목이다.

참고로 한우생산 농가를 인용한 부분은 이해를 돕고자 한 것이므로 오해가 없기를 바란다.

춘란으로 연금처럼 돈을 벌 수 있는 원리

춘란은 고부가가치를 올릴 수 있는 도시농업의 전략산업이다. 이미 수차례 춘란이 돈을 벌 수 있는 효과적인 작물이라는 이야기를 언급했다. 여기서는 더 세밀하게 춘란으로 연금처럼 매년 돈을 벌 수 있는 그 원리를 풀어보겠다. 그 전에 아래 표에 담긴 내용을 살펴보자.

<표: 월 100만 원 연금형 수익을 올리기 위한 액션 플랜>

월 100만 원 플랜-연금형		
5년 만기 평생 연금형 모델 원금: 2,700만 원으로 시작한 것으로 설명		
참고: 450만 원짜리 품종으로 OEM 체결 시 60%에 출하 - 촉당 270만 원 감가율 10% 감가 = 240만 원(실력 정도에 따라 감가율 최대 ±30%)		
구분	생산연수	설 명
도입	2020년 3월	450만 원짜리 전략품종 6종(개) 도입(2,700만 원)
생산	기간: 3년 2022년 11월	3년간 3번 출산: 6종 × 각 4촉 = 24촉

판매	2022년 11월	3년째 24촉 중 11촉 출하 출하금액: 11촉 × 240만 원 = 2,640만 원 수익(투자금 전액회수) 남은 촉수: 13촉(240만 원 × 13=3,120만 원)/월 104만 원 수익
정산		전체를 출하해 수익을 찾아가면 월 100만 원 수익 본전 환수 후 연금형을 원하면 남긴 촉으로 재투자 가능 *기술과 방법, 선택과 결과에 따라 ±30%*

※ 주의: 반드시 상등품으로 생산 했을 때만 가능함

본 생산 모델은 관유정에서 15년 전부터 개발해 적용하고 있는 표준 모델로서, 참여자가 월 100만 원의 수익을 예시로 작성한 것이다. 초기 투자 시 2,700만 원을 일시에 투입하여 30개월 후 출하를 통해 원금은 물론 매월 100만 원씩에 달하는 수익을 창출하는 매뉴얼이다.

위와 같은 결론에 도달하려면 단 1포기도 죽이거나 탈이 나지 않아야 가능하다. 또 OEM 방식을 선택해야 된다. 구입한 곳에 다시 되파는 형식을 말한다. 우리나라에서 OEM 방식으로 농장을 경영하는 곳은 어림잡아 30~50여 군데로 추정된다. 각 회사마다 정한 기준이 다르므로 확인 후 계약을 맺는 것이 중요하다. OEM 방식을 선택하려면 반드시 공신력 있는 회사를 선택해야 한다.

OEM 방식이라고 해서 안심하고 배양해서는 곤란하다. 계약한 회사에서 원하는 품질기준에 도달하지 않으면 매입을 해주지 않거나 심각한 감가가 발생할 수 있기 때문이다. 닭고기 가공업체 하림은 농가와 계약해서 사육한다. 농가가 생산하는 육계를 전량 수매해간다. 그렇다고 농가가 판매하고 싶은 모든 닭을 사가지는 않는다. 하림에서 정한 기준을 통과한 닭만 사간다. 이런 점을 알면 OEM 방식의 생산형태를 이해할 수 있을 것이다. 그러므로 철저히 품질 관리를 해야 한다. 반드시 상작을 유지할 수 있어야 손해가 나지 않는다.

관유정에서 활용하는 OEM 방식은 두 가지다. 확정과 변동으로 나뉜다. 확정은 매매 당시 매입 주기를 20~30개월로 설계한다. 판매 당시 약정기간 후 매입 금액을 미리 설정하는 방식이다. 변동은 향후 시세를 고려해 실거래가의 60~70% 선으로 매입하는 경우이다. 부득이 위탁으로 판매를 할 때도 있다. 위탁으로 할 때는 알선 및 소개 수수료를 10~20% 받기도 한다. 두 방식 모두 향후 시세나 흐름을 정확히 파악해야 실패하지 않는다. 회사와 매입자 상호간에 상부상조하겠다는 의지를 갖고 그것을 문서화해야 원활한 계약이 유지된다. 매입할 때보다 가격이 올랐어도 계약대로 되팔아야 하며, 그 반대의 경우가 발생해도 양심껏 해결해야 서로가 상생할 수 있다. '나만 이익 보면 돼'라는 생각은 버려야 한다. 이런 점을 알아두면 다양한 선택지를 마련할 수 있다.

우리 사회는 초저금리 사회가 되었다. 물가도 연일 고공행진이다. 주부든, 실버든, 은퇴 준비자들이든 적극적으로 경제활동을 해야 유지되는 구조가 이미 돼버렸다. 특히 실버 세대의 일자리는 극심할 정도로 부족하다. 예비 퇴직자들도 다르지 않다. 누구든 퇴직 이후의 삶을 철저히 준비해야 비교적 여유를 가질 수 있다. 이런 점에서 한국춘란은 하나의 도전무대가 될 수 있다.

바이러스에 감염된 난은 화폐가치가 없다

　버섯으로 맛있는 요리를 시작하려고 할 때 초보자가 신경 써야 할 것이 있다. 레시피와 기술을 살피기 전에 먹어도 되는 버섯인지 먹으면 안 되는 버섯인지부터 살펴야 한다. 물론 마트에서 구입한다면 식용할 수 있는 버섯을 판매하기에 신경 쓰지 않아도 된다. 하지만 야생 버섯을 채취해 요리한다면 이 문제는 정말 중요하다. 맛있는 요리를 만들어 먹으려다 생명까지 잃을 수 있기 때문이다.

　춘란으로 돈을 벌려고 하는 사람도 어떻게 돈을 벌 수 있을까를 생각하기 전에 반드시 짚고 넘어가야 하는 것이 있다. 내가 취급하는 난초가 건강한지부터 따져 봐야 한다. 무턱대고 매입해 기르면 그 춘란이 독버섯과 같은 영향을 끼칠 수 있다. 난초에 있어서 독버섯과 같은 것은 바이러스에 감염된 것을 말한다. 바이러스에 감염된 난초는 화폐가치가 하나도 없다. 자칫하면 가장 아끼는 난초를 감염시켜 망할 수도 있으므로 SNS 등에서 시세보다 월등히 싼 값으로 거래되는 난들은 조심해야 한다.

　난 바이러스에 저명한 영남대학교 명예교수 장무웅 박사는 이렇게 말한다.

　"난을 재배하고 싶은 사람은 난을 구입할 때에 먼저 난 바이러스에 대한 지식이 있어야 하며, 바이러스 병의 가장 기본적인 예방으로는 바이러스에 감염된 난과 식물을 절대로 난실로 들이지 말아야 한다. 또한 감염된 난은 절대 판매하지도 분양하지도 않아야 한다."

바이러스의 피해가 너무나 크기에 직설화법으로 주의해야 함을 강조한다. 한국춘란도 바이러스에 감염되면 초세가 약해질 뿐만 아니라 꽃도 작아진다. 화색이 나빠져 상품성이 없어진다. 바이러스가 RNA, DNA 상태로 세포질 내 존재하다가 영양분을 훔쳐 사용하는 관계로 나타난 현상이다.

그런데 문제는 초보자들이 바이러스에 감염된 난을 쉽게 구별하지 못한다는 것이다. 수년 동안 춘란을 기른 사람도 구별이 어렵다. 바이러스는 잠복기가 있어 육안으로 판별하기가 어렵고 감염이 되어도 증상이 몇 년간 나타나지 않는 경우도 있기 때문이다.

그럼 어떻게 해야 입문자들이 바이러스로 인한 피해를 줄일 수 있을까? 역시 바이러스가 무엇인지 그 지식을 습득하고 구별할 수 있는 능력이 필요하다. 나아가 춘란을 판매하는 사람부터 바이러스에 감염된 난을 취급도 판매도 하지 말아야 한다.

바이러스가 생기는 이유는 이렇다. 한국춘란은 산에서 자랄 때부터 감염된 경우가 많다. 메뚜기나 고라니, 토끼 등이 습식을 하는 과정에서 바이러스에 감염되는 것이다. 춘란뿐만 아니라 야생국화도 다르지 않다. 야생국화는 봄 발아 시점에는 10퍼센트 정도의 감염률을 보인다. 그러다 가을이 되면 99.9퍼센트가 감염된다고 한다. 진딧물과 메뚜기 등의 매개원에 의해서 전 국토의 야생국화가 감염되는 것이다. 춘란에도 이 원리가 그대로 적용된다.

춘란에는 과거에 5~6종의 바이러스가 있다고 하였다. 지금은 10여 종으로 보고되었다고 한다. 대표적인 바이러스는 다음과 같다.

오돈토그로썸 링스폿(둥근무늬) 바이러스 ORSV, 심비디움 모자이크 바이러스 CymMV, 심비디움 마일드(가벼운, 어렴풋한) 모자이크 바이러스 CymMMV, 오키드

플랙(괴저 얼룩무늬) 바이러스 OFV이다.

감염된 야생종이 난실로 입실되는 순간부터 바이러스 청정지역은 무너지게 된다. 선물로 받은 감염된 동양란으로 인해 난실 전체가 감염되는 사례도 많았다. 가위나 핀셋 등 난초를 손질하는 기구를 통해서나, 분갈이 시 여러 화분을 한꺼번에 큰 용기에 담아 치료하는 과정에서 확산되는 경우도 많다. 그래서 기구는 한 포기 한 포기 손질할 때마다 화염소독을 하고, 치료 시 모든 포기는 각각으로 나누어 반드시 일회용 비닐 팩에 적셔 치료하여야 한다.

바이러스에 감염된 난초는 대부분 이런 증상이 나타난다. 새싹이 나올 때(4~6월경) 얼룩덜룩한 반점이 희끗희끗한 서반과 유사한 현상으로 나타난다. 이들은 여름 고온기를 거치며 암화(녹색이 짙어져 얼룩무늬가 감추어지는 현상)돼 가을이나 겨울이면 육안으로 구별하기가 힘들어진다. 전문가들은 판별이 가능하지만 입문자는 쉽지 않다. 바이러스 감염 주를 확인할 수 있는 팁은 잎의 뒷면을 꼼꼼히 살펴보는 것이다. 앞면보다 뒷면에는 그 흔적이 오래 남아 있기 때문이다.

| 바이러스에 걸린 난초들

춘란을 매입하려고 할 때 가격이 현저히 싼 것은 왜 그런지 의심해봐야 한다. 신아가 자랄 때 얼룩덜룩한 것은 되도록 구매하지 않는 것이 좋다. 나도 오래전 단엽 서반을 기대하는 마음으로 큰돈을 지불해 매입한 일이 있다. 그런데 나중에 확인해보니 바이러스에 감염된 난이었다. 판매하는 사람도 바이러스에 감염된 것을 서반이라고 착각했다. 고의성 없이 판매를 했지만 그 피해는 고스란히 나의 몫이었다. 이런 피해를 입문자들이 보지 않기를 바라는 마음이다.

자신이 키우고 있는 춘란에 바이러스 증상이 의심되면 지체 없이 소각해 없애야 한다. 원금이라도 회수할 요량으로 싼 값에 출하하면 그 누군가는 엄청난 손실을 보게 된다. 이 문제를 간과하면 모두가 불을 들고 휘발유 속으로 들어가는 것과 같은 꼴을 면치 못한다.

교육으로 체계를 잡은 후 현장으로 가라

사람이 교육을 받는 이유에는 여러 가지가 있다. 성숙한 인간성을 확립하기 위해서 교육을 받고, 자기 스스로 삶의 길을 선택하며 행복한 인생을 꾸려가기 위해서도 교육을 받는다. 교육을 받으면 실수와 실패를 줄일 수 있다. 고통을 줄이면서 바라는 목적지로 항해할 수 있다는 말이다.

어떤 것을 접하든지 교육 후 현장으로 가면 효율과 효과를 누릴 수 있다. 난초도 다르지 않다. 난초는 농업이자 과학이다. 그래서 이스라엘의 시몬페레스 대통령의 말에 귀를 기울여야 한다. 그는 이렇게 말한다.

"현대의 농업은 95%의 노동력과 5%의 과학으로 이루어진다."

농업은 과학이다. 과학은 배우지 않으면 알 수가 없다. 어깨 너머 귀동냥으로 해결되지 않는다. 어렴풋이 아는 게 가장 무섭다. 배우려면 확실히 배워야 탈이 없다. 즉 난초에 입문해 원하는 결과를 얻으려면 교육부터 받아야 한다는 말이다. 그것도 제대로 된 교육을.

골프를 배우려면 책 한두 권을 사서 집에서 탐독하는 것으로 시작한다. 시간이 나면 골프 TV도 자주 시청하며 기술을 습득한다. 그래도 부족하다고 여기면 골프 연습장을 찾아간다. 골프 연습장은 연습을 하는 곳이기도 하지만 입문자가 골프를 배우는 곳이기도 하다. 그곳에서 레슨을 받든지 눈동냥으로 스스로 홀로 서기를 해야 한다. 어쨌든 간에 사용료를 지불하고 장비도 갖춰야 한다. 누구의 도움 없이 스스로 기술을 터득하며 실력을 높이는 건 어려운 일이다.

난초도 다르지 않다. 그런데도 난초는 울림이 있는 책 한 권이 없다고 목소리를 높인다. 사정이 이렇다 보니 난초는 누군가에게 체계적으로 배워야 한다는 생각조차 하지 않는다.

우리 난계는 산채로부터 난초에 입문하는 경우가 많다. 그러다 보니 과학적인 방식이 아니라 SNS상이나 선배의 조언에 더 의지하는 경향이 짙다. 산채를 하는 과정도 다르지 않다. 난이 자생하는 특성이나 환경을 이해하고 산을 오르는 것이 무턱대고 산을 오르는 것보다 훨씬 생산적이다. 똑같은 시간을 들여도 산지 환경을 이해하고 과학적으로 접근하면 좋은 난초를 채란할 확률이 높아진다. 같은 기회의 값이어도 의미 있는 결과물을 획득할 수 있다는 것이다.

사실 난초는 골프보다 훨씬 많은 돈이 들어가는 취미다. 골프는 스포츠나 레저이고, 난초는 예술과 사업이다. 취미 이상의 가치도 다양하게 존재한다. 그래서 더욱 난초의 깊이와 넓이와 높이를 가늠한 후 시작해야 한다. 어떤 것이 작품의 기준이 되고, 어떻게 하면 좋은 난을 생산해 소득을 올릴 수 있는지도 알아야 한다. 주먹구구식으로 배양하는 것이 아니라 체계적인 배양 기술을 터득해야 경쟁자들보다 나은 결과를 만들 수 있다.

골프 입문자들은 단순히 골프 기술만 배우지 않는다. 골프의 룰과 에티켓도 배운다. 골프 대회나 골프장마다 다르게 적용되는 요소들도 터득한다. 그렇게 배우면서 골프를 익히고 즐거움을 만끽한다. 모든 문화는 기술과 함께 다른 요소들을 필요로 하는데 한국춘란도 다르지 않다.

난초는 인문학적 요소와 과학적인 기술이 결합된 종합적인 농작물이다. 내적 가치인 인문학적인 성찰과 외적 가치인 기술력이 함께 어우러져야 좋은 성과를 거둘 수 있다. 어느 한 부분만 알아서는 왜곡될 수밖에 없다. 두 가지 가치를 모두 자신의 것으로 만들어야 경쟁력이 생기고 모두가 잘살 수 있다. 그러려면 반드시 교육이 필요하다. 전문가가 교육으로 두 가지 가치를 조화롭게 아우를 수 있도록 해야 실패하지 않는다.

'차라리 난초를 하지 말았으면' 하고 후회하는 분들을 어릴 때부터 많이 봐왔다. 이들이 후회하는 이유의 대부분은 이렇다.

"잘 죽더라. 탈이 나서 살 때보다 더 상태가 나빠졌다. 속은 것 같다."

그러면 누가 속였을까? 여기저기 탐문해보면 속인 사람은 뚜렷하게 나타나지 않는다. 이것은 속인 사람의 문제도 있지만 난초에 대한 체계적인 지식 없이 덤벼든 사람의 문제도 적지 않다.

원인을 외부에서 찾기 전에 자신을 점검하는 일도 필요하다. 아무리 속이려고 해도 속지 않으면 그만이기 때문이다. 그래서 교육이 필요하다. 교육에 답이 있다. 서로가 공감할 만한 요소로 기준을 정하고 모두가 납득할 체계를 갖춰 공유해야 미래가 밝다. 교육을 받고 싶어도 여건이 안 되는 분들은 이 책을 세 번이나 네 번 정독하라. 길이 보일 것이다.

무생명체인 골프공을 다루는 데도 배우지 않고 시작하면 답이 없다. 최고의 부가가치이자 과학의 한 분야인 생명체를 다루는 분야에는 더욱 체계적인 교육이 필요하다. 더욱이 난초는 면역체계가 까다로우므로 깊이 있는 교육으로 원리를 터득해야 한다. 그래야 리스크나 에러를 원천적으로 줄일 수 있다.

내 교육을 받은 사람들은 이구동성으로 말한다.

첫째, 교육을 받아야 하는 이유를 몰랐다.

둘째, '선 교육 후 현장'의 의미를 전달해주는 사람이 없었다.

셋째, SNS상의 대가들에게 전수를 받아도 충분하다고 생각했다.

넷째, 체계적인 난 농가 교육이 있는 줄 몰랐다.

다섯째, 체계적으로 배우지 않았을 때 겪어야 할 어려움에 대해 진솔하게 말해 주는 주변 선배 애란인들이 없었다.

여섯째, 어쩌다 나의 교육을 받아보려 하면 별것 없다고 치부하는 사람들 때문에 참여하지 못했다.

교육을 받고 싶은 사람들이 레슨비가 아까워서 교육을 받지 않은 게 아니다. 어디서 교육을 하는지를 몰라 참여하지 못한 경우가 더 많다.

내 교육에 참여한 사람들은 만족도가 높다. 이제야 비로소 나아갈 방향을 잡았다고 이야기한다. 이런 분들이 앞으로도 많아졌으면 한다. 이 책을 집필하는 이유도 많은 사람들이 체계적인 기술과 인문학적 요소를 터득해 의미 있는 결과를 만들어가길 바라는 마음에서다. 여타 교육이 그 분야의 성숙한 인간을 만들듯이 난초 교육을 받으면 성숙한 난초 문화를 형성할 수 있다고 나는 자부한다. 그 길이 하루빨리 문화로 자리 잡기를 기대한다.

| 대구가톨릭대학 평생교육원 한국춘란 전문가 양성 과정 교육 중

황화소심 보름달

제7장

춘란 명장이 짚어주는 입문자 가이드

01. 초저가 유혹에 넘어가지 마라

난초로 재테크에 성공하고 행복한 애란생활을 하려면 첫 단추부터 잘 꿰어야 한다. 의미 있는 춘란생활의 첫 번째도 두 번째도 건강한 난을 들이는 데 있다. 건강한 난을 들여야 안 죽이고 원하는 목표를 달성할 수 있기 때문이다. 이건 입문자들이 명심하고 또 명심해야 할 부분이다.

난초는 죽는 데 3년, 활력을 되찾는 데 3년이 걸린다는 말이 있다. 한번 타격을 받아 세력을 잃으면 원기를 회복하는 데 3년 정도 걸린다는 것이다. 문제가 있는 난초는 겉은 멀쩡한 상태여도 금방 죽거나 탈이 나지는 않는다. 생명을 다하기까지 3년이 소요된다. 희망에 부풀어 난을 배양하고 있는데 그 난이 서서히 죽어가고 있다면 아찔한 일이다. 중대 질병은 감염 자체로 죽은 것과 같거나 몇 달 안에 죽는 것도 많다.

많은 입문자들이 내가 기르고 있는 난이 죽어가고 있는지, 상작으로 성장하고 있는지 잘 모른다. 그래서 첫 단추를 잘 꿰어야 하는데 그것이 바로 건강한 난을 들이는 것이다.

난초를 구입하는 과정은 수박을 사는 과정과 비슷하다. 수박도 겉만 보면 그 맛을 가늠하기 어렵다. 맛깔스러운 색깔을 하고 있어도 맛있는 것이 있고 맛없는 수박도 있다. 잘 익은 것과 덜 익은 수박도 있다. 요즘은 과학적인 도구를 활용해 당도를 체크해 판매를 하는데 맛이 덜한 것은 값이 싸다. 당도가 월등하다고 생각하는 것은 같은 크기여도 비싸다.

난초도 다르지 않다. 값이 싼 난초는 싸게 파는 이유가 있다. 아주 건강하고 장래가 촉망되는 난을 헐값에 매매할 사람은 없다. 당장 돈이 필요한 경우가 아니라면 대부분 싼 값에 거래되는 난초는 그만한 이유가 있다.

저가에 판매되는 난초는 대부분 뿌리가 약하거나 감염되었거나 노화가 심한

 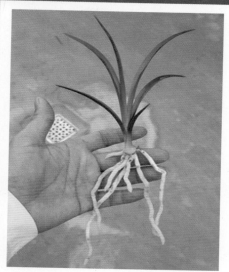

것들이다. 장래가 촉망되던 난초라도 한번 세력을 잃으면 건강을 회복시키는 데 3년을 기다려야 한다. 3년을 기다려 상작으로 만들 자신이 있으면 들이고, 그렇지 않으면 눈길조차 주면 안 된다.

초저가에 나온 난초 중에는 꽃을 확인하고 의미가 없다고 판단해 분촉해서 내놓은 것들도 많다. 잎은 좋은데 꽃이 별로여서 분주해 싸게 파는 경우도 있다. 잎만 보면 좋은 꽃을 피울 것 같아 매입하지만 이런 난은 민춘란과 다를 바 없다. 이미 확인이 된 꽃이기 때문이다.

관유정에는 품질이 나쁜 난초를 출하하는 채널과 정품을 출하하는 채널이 따로 있다. 정품이지만 품질이 나쁘면 저가로 내놓는다. 주머니 사정이 여의치 않거나 저가의 난초라도 긴 시간을 두고 회복시킬 수 있다고 생각하는 사람에게 기회를 주기 위해서다.

그렇다고 초저가 난초가 모두 나쁘다는 것은 아니다. 저가여도 얼마든지 부가가치를 올릴 수 있다. 난초를 보는 안목이 있으면 유망한 생강근을 저가로 구입해 길러도 된다. 그러나 잘 죽기에 입문자들이 감당하기에는 너무 멀고 험한 길이다. 그러니 이왕이면 품질이 보장된 건강한 난을 들이는 데 신경을 써야 한다. 또한 꼭 A/S가 되고 품질을 보장받을 만한 믿을 수 있는 곳에서 난을 구입할 것을 추천한다. 그것이 행복한 애란생활의 첫 단추를 잘 꿰는 일이다.

02. 꼭 분을 털어 뿌리를 보고 냄새를 맡아보라

애란생활을 하는 대부분의 사람들은 난초 살 때가 제일 기분이 좋다고 한다. 난초를 사면 희망에 부푼다. 그 난초가 장차 어떤 인물이 될 것인지를 생각하면 저절로 입가에 미소가 번진다. 프로인 나도 그렇다. 난초를 사들인 날은 콧노래가 절로 나온다.

그런데 소중한 돈을 들여 구입한 난초가 건강하게 자라주면 좋으련만 그렇지 않으면 속상하다. 시름시름 앓거나 생기가 없으면 짜증이 밀려온다. 배신감이 들기도 하고 속았다는 생각에 골치가 아프다. 입문자들은 애써 들인 난초가 탈이 나면 실망감에 열정이 식는 경우가 많다. 그래서 난초를 구입할 때 세심하게 살펴야 한다.

난초를 살 때 초저가의 난을 조심하라고 했다. 초저가는 한 번 의심해보고 탈이 없다는 확신이 들 때 사야 한다. 또 한 가지는 꼭 난초 화분을 부어서 뿌리를 확인해야 한다. 보통은 화분째로 난초를 판매하는 것이 일반적이다. 뿌리를 보여달라고 하지 않으면 화분을 쏟지 않는다. 화분을 쏟으면 난초에 해롭다며 꺼리는 경우도 있다. 그래도 화분을 쏟아서 뿌리를 확인한 후 매입해야 한다. 난초 건강은 뿌리를 통해 알 수 있기 때문이다.

　뿌리가 건강하다는 것이 확인되면 이번에는 냄새를 맡아보라. 벌브의 건강은 육안으로 확인하기 어렵다. 뿌리도 겉으로는 멀쩡하지만 속으로 탈이 난 것도 있다. 이때 냄새를 맡아보면 확인이 가능하다. 뿌리나 벌브에서 곰팡이 냄새나 하수구 냄새 등 불쾌한 냄새가 나면 구입하지 않는 것이 바람직하다. 병균에 노출되면 냄새가 나기 때문이다.

　마지막으로 고가의 난은 유전자 검사로 진품 여부를 판별하고 들여야 한다. 겉모습만으로는 알 수가 없으니 꼭 검사로 확실한 난을 사들여야 후회가 없다. 혹시 모를 피해를 미연에 방지해야 즐거운 애란생활을 이어갈 수 있으니 심사숙고한 후 난초를 들이도록 해야 한다.

03. 목적을 분명히 한 후 구입하라

난초 세계에 입문해 어느 정도 배양에 자신이 생길 때를 조심해야 한다. 자신감이 붙으면 뭐든 사들여도 작품을 만들고 돈을 벌 수 있다고 생각하기 때문이다. 5~10만 원 하는 기대품들을 사서 1~2년 후에 팔면 어느 정도 수익을 낼 수 있다고 생각해 이것저것 사서 난대를 채우는 입문자들이 많다. 누군가가 솔깃한 소리를 하면 충동구매도 서슴지 않는다. 그러다 보면 어느새 난대가 채워진다. 난대에 자리 잡고 있는 난초만 봐도 배가 부르다고 이구동성으로 이야기한다.

하지만 분명한 목적 없이 충동적으로 사 모아서는 좋은 결과를 기대하기 어렵다. 막연한 기대는 아무런 결과도 가져다주지 못한다. 가령 노란 산채품 서가 5만 원에 저렴하게 나와서 샀다고 치자. 노란 서에서 기대할 수 있는 꽃은 서화이다. 서화는 황화가 아니라 값어치가 크지 않다. 막연한 기대품 5개 값을 모아 확실한 하나에 투자하는 것이 효과적이다.

나는 예전에 35만 원 산반화 햇살로 약 1억을 벌었다. 그리 비싸지 않은 산반화였지만 그 가치는 실로 어마어마했다. 그런 확실한 난초를 구입해 기르겠다는 목적을 분명히 한 후 난초를 구매하는 습관을 들여야 한다. 그렇지 않으면 마음을 설레게 하는 수많은 기대품에 지갑을 열 수밖에 없다.

한 가지 더 명심해야 할 것이 있다. 절대 빚을 내거나 카드로 난초를 사지 말라는 것이다. 여유자금이 없으면 매입을 자제해야 한다. 분명한 가능성이 보인다며 돈도 없는데 무리를 하면 반드시 탈이 난다. 패가망신의 지름길이다.

난초는 단거리 경기가 아니다. 중거리이자 장거리 게임이다. 빚을 내서 구매하면 얼마 지나지 않아 급전이 필요해 힘겹게 들인 난초를 헐값에 팔아야 하는 경우가 발생할 수 있다. 난초는 불과 1주일 만에 매입 가에서 30%가 그 자리에서 손실이 나는 경우도 있다는 것을 명심 또 명심해야 한다. 그러니 목적을 분명히 하고 무리하게 난을 사서는 절대로 안 된다. 내 경험상 큰 기회는 흔하게 오지 않는다. 철저히 준비하고 목적을 분명히 할 때 기회도 내 편이 된다.

04. 비싸다고 다 좋은 것은 아니다

비싼 명품은 그 값어치를 하지만 비싼 것이 다 좋은 것은 아니다. 가성비가 좋은 품종도 얼마든지 있다. 관유정의 주금화 주력품종인 여울은 2018년 메이저 대회 주금화 부문을 전체 석권했다. 그 품종은 전국적으로 촉수가 적어 큰 대회에 선을 보인 적이 거의 없어서 신품종에 가까웠다. 2017년까지의 값은 촉당 20만 원선이었던 것을 2018년에는 다섯 배의 값으로 출하를 했다. 목성, 홍장미, 홍룡보, 세홍소 등 많은 품종은 여전히 가성비가 좋다.

난초는 하나의 농작물이면서 애호가들의 욕구 충족의 도구가 되기도 한다. 그래서 공급과 수요의 시장경제원리가 뒤따른다. 수요가 많은데 공급이 적으면 가격은 올라간다. 반면에 욕구는 줄어드는데 공급이 많으면 가격은 폭락한다. 철저히 수요와 공급이라는 시장경제원리의 수레바퀴에서 춘란세계도 작동된다. 동일한 품종이라도 오름과 내림을 반복하는 환경 속에 있으니 흐름을 잘 읽어야 한다.

나는 2005~2007년경 태극선을 100촉쯤 길렀다. 한 해 신아가 60촉쯤 생산되었다. 당시 한 촉당 가격이 200만 원 정도 했다. 농장 유지에 많은 도움이 되었다. 나뿐만 아니라 당시 태극선 호황에 힘입어 재미를 톡톡히 본 사람이 많았다. 태극선 열풍은 서울 강남 개발을 보는 듯했고 난계는 태극선에서 출발해 태극선으로 귀결되는 듯했다.

신이 내린 명품이라고 추앙받던 태극선이 지금은 한 촉당 1~2만 원에 매매되고 있다. 촉수가 천문학적으로 늘어났기 때문이다. 가격이 유지될 때 생산한 사람들은 재미를 보지만 가격이 하락할 때 구매한 사람은 손해를 볼 수도 있다. 대훈위라는 기화도 전성기 때는 촉당 500만 원을 호가했다. 그러나 지금은 5만 원 선이다. 이 품종은 촉수가 늘어난 것이 원인이 아니라 인기가 없어서다.

지금 입문하는 사람들은 명품 난초를 아주 저가에 들여서 배양할 수 있는 시대에 살고 있다. 5만 원만 투자해도 한두 개의 명품을 들여서 멋진 작품을 만들 수 있다. 난초는 다른 농작물과는 달리 먹거나 소모시킬 수 있는 것이 아니다. 경쟁을 통해 작가의 역량을 과시하는 문화 매체이다. 전시회를 통해 작품성을 인정받는 것이다. 그러니 너무 고가에만 눈을 돌리지 말고 작품을 만들 수 있는 난초를 구입해 전시회에 출품할 것을 권하고 싶다.

우리 민족은 특히 소심을 좋아해 색화소심 인기가 한창이다. 화무십일홍(花無十日紅)이라는 말이 있다. 붉은 꽃도 열흘 가기 힘들다는 것이다. 색화소심의 인기도 언젠가는 시들어질 것이라는 말이다. 그 의미를 잘 생각하며 나아가도록 하자.

05. 기대품은 고수가 하는 것이다

난초 세계에서 기대품이라는 것은 염소가 송아지를 낳는다는 말과 같다. 분명히 염소인 줄 알고 길렀는데 새끼를 낳고 또 낳는 과정에서 송아지가 된다는 것이다. 즉 현재가치에서 더 나은 가치로 재탄생되는 것을 의미한다. 이런 일이 난초에서는 종종 일어난다.

나는 잎의 형태가 잘생긴 호를 기르다 중투로 발전시킨 적이 있었다. 그 난초 값이 무려 10배로 뛰었다. 또 한 번은 산채 소심을 길렀는데 중투로 발전한 신아가 나온 적도 있었다. 그러나 몇 가지를 제외하곤 기대하고 길렀던 난초는 대부분 꽝이었다.

두화 기대품	기대품에서 핀 민춘란

입문자뿐만 아니라 누구도 예외 없이 관심을 가지는 부분이 기대품이다. 기대품이란 단어만 들어도 가슴이 설렌다. 그러나 대부분 원하는 결과를 만들어내지 못한다는 것도 알아야 한다. 기대품은 말 그대로 확률게임이다. 확률은 그 가능성과 변수를 훤히 꿰뚫고 있는 사람에게 높게 나타난다. 그것이 아니면 낮아질 수밖에 없다.

로또를 사면 1주일이 즐겁고, 기대품을 사면 5년이 즐겁다는 말이 있다. 로또에 당첨될 확률은 낙타가 바늘귀를 통과하는 것만큼 어렵다. 기대품도 다르지 않다. 그러나 확인된 전략품종은 다르다. 제대로 분석한 전략품종 하나를 만나면 10~20년을 즐겁게 보낼 수 있다.

어떤 고수라고 자처하는 분은 잎만 봐도 무슨 꽃이 필지 알아맞힌다고 한다. 그런데 그분은 사글세에서 산다. 그만큼 기대품은 어렵다는 말이다.

많은 입문자들이 두화와 원판화처럼 둥글둥글한 꽃을 기대하며 난초를 고른다. 무늬가 들어 있는 까랑까랑한 난초는 단엽으로 발전되기를 기대한다. 그러나 이런 기대도 그 확률이 희박하다. 요즘은 두화도 넘쳐난다. 둥그런 꽃을 피웠다고 해도 봉심, 화근, 립스틱 색상, 잎과의 콤비네이션, 전체적인 인물이 좋지 않으면 살 사람이 없다. 프로인 나도 기대품은 꺼린다. 그래서 교육생들에게 침이 마르도록 말한다. "혹시나는 역시나이다"라고 말이다. 옵션을 정확히 갖춘 확실한 난초라야 영농 설계를 할 수 있고 성공 가능성도 높다.

06. 광합성 조건을 생각해 난초를 선택하라

난초를 배양할 때 중요한 것 중 하나는 광합성이다. 광합성을 어떻게 하느냐에 따라 난초 품질이 결정된다. 그래서 자신이 난초를 배양하는 환경을 잘 살펴야 한다. 배양 환경이 난초에 미치는 영향이 아주 크기 때문이다.

대부분의 입문자들은 난초를 키우는 환경이 열악하다. 어떤 분은 회사 사무실 한쪽에 두고 배양하려고 한다. 아파트 베란다는 양호한 편인데 많은 분들의 환경이 미흡하다. 열악한 환경에서는 난초의 생육이 부진하거나 고전하는 경우가 다반사이다. 생육상태는 뿌리의 수와 길이에 영향을 끼치고 이것은 영양분 유입에 결정적인 요소가 된다. 즉 난실 환경에 따라 잎의 형태에도 신경 써야 한다는 말이다.

잎은 광합성이 잘되는 형태의 모양이 제일 좋다. 잎의 앞면에서 광합성이 이루어지므로 누워 있거나 엽록소가 잘 발달된 것이 좋다. 잎의 골(횡단 시 각도)도 평평하게 펴진 것, 넓고 두터운 것이 더 좋다. 그런데 아쉽게도 입문자들은 두화를 기대할 수 있는 입엽을 선호한다. 잎도 평평한 것보다 오그라져 있는 것을 선택한다. 색화를 기대한다며 엽록소가 많은 것보다 서 개체도 좋아한다. 서는 엽록소가 부족해 광합성에 어려움을 겪는다. 입엽과 오그라진 잎은 난실 천장에서 햇볕이 내리쬐어야 효과적이다. 그렇지 않은 난실 환경에서는 절대로 피해야 한다.

두화를 피우고 싶은 사람은 입엽과 골이 깊고 잎 끝이 오그라진 것을 선호한다. 그런 난초가 눈에 보이면 거금 지출도 망설이지 않는다. 물론 이런 잎에서 좋은 꽃을 피울 확률이 높은 것이 사실이다. 그러나 진짜 중요한 것은 그런 잎이 자신의 난실 환경과 적합하느냐는 것이다. 광합성이 이루어지지 않는 곳에서 입엽이나 골이 깊고 오그라진 잎은 의미가 없다.

난초를 기대하며 기르는데 좋은 결과를 얻지 못하면 만족도가 떨어진다. 야심차게 들어선 한국춘란에 매력도 느끼지 못한다. 이런 문제에 맞닥뜨리지 않으려면 난실 환경과 광합성 작용을 잘 생각해 난초를 들여야 한다.

입엽-광합성이 잘 안 됨	누운엽-광합성이 잘 됨

07. 적정 분수를 설계하라

난초를 시작하게 되면 욕심이 앞선다. 이 난초를 보면 좋은 꽃이 필 것 같고, 저 난초를 봐도 포기할 수 없는 매력이 있어 사게 된다. 그렇게 하나 둘 사다 보면 어

느새 난대가 늘어난다. 늘어난 난초가 즐거움을 주기도 하지만 관리에 부담을 느껴 매력을 갉아먹기도 하니 주의가 필요하다.

입문자들은 반드시 자신의 배양 능력과 난실 환경에 따라 적정 재배 분수를 설정하고 길러야 한다. 욕심만 앞서 이 난초, 저 난초를 들이다 보면 죽도 밥도 안 된다.

세상의 모든 산업이 그렇듯 한국춘란도 양적으로 답을 얻으려고 하면 실패할 확률이 높다. 이젠 양이 아니라 질이다. 질로 승부를 걸어야 답을 얻는다.

나의 주변 애호가들은 거의가 300~500여 분을 기르고 있다. 부업치고는 많은 분수다. 대규모 자경농인 나도 900여 분을 기르고 있다. 여기에서 규모는 생산 분수가 아니고 소득을 올릴 수 있는 분수를 말한다.

내가 아는 모씨는 한때 1만여 분의 난초를 배양했다. 그러나 이내 지쳐서 결국 난초 곁을 떠났다. 당연한 결과였다.

"숫자는 아무런 의미가 없다."

그분이 난초를 그만두면서 한 말이다.

난초 분수보다 중요한 것은 어떤 난을 생산하고 기르느냐이다. 난대는 실력이 높아질수록 채우는 게 아니고 비우며 수준을 높여가는 작업이다. 숫자가 줄어야 다소 고옵션의 품종을 확보할 수 있고 체계적인 관리도 가능하다. 자연스레 그에 따른 보상도 뒤따른다.

내가 운영하는 관유정에는 대표인 나와 3명의 직원이 근무하고 있다. 근무자 1인당 200여 분 정도를 전담하는 꼴이 된다. 매년 증식을 통해 늘어나는 촉수가 약 1,000촉에 달하는데 이는 두 촉짜리 500분이 늘어나는 것을 말한다. 이 상태를 유지하려면 매일 3촉을 판매해야 한다.

요즘 관유정은 선택과 집중으로 전략품종만 생산하고 있다. 분수도 늘리지 않으려 한다. 고옵션의 품종을 확보해 그 품종 위주로 생산하고 판매한다. 우선순위에 밀리는 난초는 구조조정을 통해 판매하고 조절하며 나가고 있다. 수익 창출을 염두에 두고 있다면 생산 원가가 잘 나오는 적정 분수와 수익이 잘 나오는 품종에 대한 고민이 필요하다.

08. 품질과 품종의 의미를 이해하라

입문자가 난초로 재테크와 용돈벌이에 성공하고 싶다면 꼭 알아야 할 것이 품질과 품종에 대한 이해이다. 좋은 품질과 품종의 질의 의미를 이해하고 접근해야 좋은 성적을 기대할 수 있다.

먼저 품질에 대한 이야기다. 품질(Quality)은 주어진 요구사항을 만족시킬 수 있는 질 좋은 제품을 말한다. 한국춘란에 요구되는 품질의 첫째는 진품이어야 한다. 둘째는 바이러스가 없어야 한다. 셋째는 적정 T/R율이어야 한다. 넷째는 Fusarium(부패) 균이 없어야 한다. 다섯째는 Rhizoctonia(잎마름병, 뿌리 부패) 균이 없어야 한다. 여섯째는 인큐베이터 등에서 가온시키지 않은 제품이어야 한다. 이 여섯 가지 조건을 갖추어야 최고로 치며 정품이라고 한다.

정품도 상, 중, 하로 나뉜다. 겉은 멀쩡해도 뿌리가 좋지 않은 난이 있는데 이런 난을 회복시키려면 꽤 오랜 시간을 필요로 한다. 좋은 값에 매매도 어렵다. 그러니 상품의 난초를 생산하도록 힘써야 한다. 품질은 오로지 생산자의 기술력과 정성, 노력에 의해 완성된다. 그래서 끊임없이 공부하고 연구해야 한다. 설비와 환경도 점검해야 상품의 난초를 생산해낼 수 있다.

두 번째는 품종에 대한 이야기다. 품질이 좋고 품종도 잘 선택해야 생산성 있는 애란생활을 이어가고 돈도 벌 수 있다.

좋은 품종의 덕목은 첫 번째 한국산, 두 번째는 자연산, 세 번째 한국적인 예를 갖춘 것, 네 번째는 옵션의 정도, 다섯째는 유전적 안정성이다. 신촉이 나와도 변함없는 예를 갖추고 유전적인 특성이 유지돼야 한다는 것이다. 다섯 가지 조건에 부합하면 최고로 치며 좋은 품종이라고 말할 수 있다.

품종의 질은 영리와 작품을 목적으로 삼는 사람에게는 매우 중요하다. 좋은 품종이 아니면 매매가 잘 이루어지지 않고 수작으로서 가치를 부여받지 못하기 때문이다. 그러니 처음부터 여러 가지 옵션이 잘 나타나 있는 것을 고르고 선택해야 한다. 옵션은 좋은데 값이 싸고 촉수도 적은 것을 고르는 게 핵심이다. 그런 품종을 구하기 위해 나를 비롯해 입문자들도 수고를 아끼지 않아야 한다.

재테크를 염두에 둔 입문자는 본인이 좋아하는 취향보다는 통화성이 높은 것을 선택해야 한다. 반대로 작품을 하려면 본인의 작품관을 명확히 하고 품종을 선택해야 좋은 결과를 얻을 수 있다.

09. 아주 사소한 것도 무시하지 마라

하인리히 법칙(Heinrich's law)이 있다. 1 대 29 대 300 법칙이라고도 한다. 한 번의 큰 사고가 있기 전에 29번의 경미한 사고가 있고, 300번의 다칠 뻔한 사소한 일이 있다는 것이다. 아주 사소한 일에서 징후를 발견하면 29번의 경미한 사고도, 한 번의 큰 사고도 예방할 수 있다는 이론이다.

난초를 배양할 때도 하인리히 법칙은 그대로 적용된다. 난초가 죽음을 맞이하기 전에는 여러 번의 경미한 질병과 장애에 걸리고 그전에는 바이러스와 세균, 관수, 온도와 광합성 등으로 인한 사소한 결핍이 있다는 것이다. 초기에 발견하면 사람도 자동차도 난초도 작은 치료와 정비로 해결할 수 있다. 하지만 그 때를 놓치면 큰 화를 당하게 된다.

난초는 여름 한철이 늘 문제이다. 이때가 가장 병이 많고 잘 죽는다. 아침에는 괜찮았는데 저녁에 죽어 있는 경우도 있다. 이런 현상을 방지하려면 아주 사소한 것도 무시하지 말아야 하는데 다음과 같은 방법으로 대처하면 좋다.

첫째, 매일 의사가 환자를 회진하듯이 난초를 살펴야 한다.

둘째, 물을 줄 때는 항상 신촉을 향한 헤드업은 절대 금물이며 대화를 나누며 관찰해야 한다.

셋째, 윤기나 광택을 보며 신장 속도가 조금이라도 다르면 원인을 찾아야 한다.

넷째, 난초와의 진솔한 소통법을 익히고 연습해야 한다.

다섯째, 분수를 줄여 한 포기 한 포기당 교감하는 시간을 더 늘려야 한다.

나는 900분을 길러도 연 평균 10포기 내외의 에러를 낸다. 전체 분수의 1퍼센트에 해당되는데 매우 낮은 수준의 에러율이다. 에러 범위를 약 5~10퍼센트로 크게 설정해 대비한다. 그러나 입문자는 기르는 분수가 많지 않기에 더 세심하게 살펴야 한다. 초기 발견은 쉽지 않으나 노력하면 어려운 일도 아니다.

입문자는 소중한 돈과 기회를 난초에 투자한다. 심사숙고해서 한 품종 한 품종을 들여 꿈을 기른다. 그 꿈이 의미 있는 결과로 이어지려면 사소한 징후도 무시하지 않는 습관이 필요하다.

10. 리스크율을 반영하여 생산 설계를 하라

무슨 일을 하든지 리스크가 발생한다. 제조업을 하든, 금융업을 하든, 과수원을 하든, 양어장을 하든 에러나 리스크가 발생하기 마련이다. 프로야구 선수도 야구 배트가 부러지면 자신의 돈으로 사야 한다. 난초도 기르다 보면 에러가 발생하고 예상치 못한 리스크가 생긴다. 이 점을 염두에 두고 생산 설계를 해야 한다.

내가 운영하는 관유정은 대구와 경북권을 비롯해 동쪽에서 최고 규모의 농장이다. 생산 설비도 국제 수준의 전자동 유리 온실로 약 200평 규모이다. 시설뿐만 아니라 생산하고 있는 품질도 최고라 자부한다. 최고의 제품을 생산하기 위해 기술과 노력과 시설에 신경 쓴다. 그래서인지 실제 리스크율은 2019년 기준 1퍼센트에 지나지 않는다. 그럼에도 매년 10퍼센트로 설정해 운영한다. 그래야 긴장과 스트레스를 줄일 수 있어서다.

입문자들도 에러가 발생할 것을 염두에 두고 생산 설계를 해야 한다. 예상치 못한 리스크가 발생할 거라고 전제하고 길러야 실망감이 줄어든다. 자신도 모르게 죽거나 세력이 떨어진 난초가 분명히 나오기 마련인데 에러율을 감안하고 있다면 느긋하게 난초를 배양할 수 있다.

영리를 목적으로 한다면 20퍼센트로 리스크율을 설정하면 좋다. 취미의 경우는 에러율을 계산할 필요가 없다. 중간에 에러가 발생해도 그 과정에서 즐거움을 느꼈으면 그것으로 목적을 달성했기 때문이다. 작품도 실력과 수준에 맞추어 에러율을 고려하면 도움이 된다.

　기계로 찍어내는 공산품도 에러가 나는데 변이종에 생물인 난초는 오죽하겠는가? 당연히 에러가 발생한다. 더군다나 두 촉짜리가 아닌 한 촉짜리를 들인다면 에러의 위험성이 더 짙다. 여기서 에러란 죽음만을 의미하지 않는다. 기대품을 길렀더니 원하는 결과를 얻지 못한 것도 에러다. 세력이 나빠지고 병에 걸린 것도 에러다. 노화가 촉진되고 난초 잎이 상한 것도 에러다. 분주하다 액아가 으깨져 상실되었다면 그것도 에러에 속한다. 뿌리가 나쁘거나 잎에 예기치 않은 바이러스가 생기는 것도 에러다. 수많은 에러 요인들이 입문자를 괴롭힐 것이다. 그러니 리스크율을 넉넉하게 설정해놓고 영농 설계를 해야 한다. 에러가 발생하지 않도록 체계적으로 관리하고 그 가능성을 줄여나가는 노력도 필요하다. 그렇지 않으면 큰 꿈을 품고 시작했어도 실패의 길을 걸을 수 있다.

11. 신촉의 물고임, 관수로 해결하라

　입문자들의 고민 중 하나는 한여름 난초 관리라고 한다. 여름나기가 제일 무섭다고 고민을 털어놓는다. 이것은 전문가들도 다르지 않다. 전문가들도 한여름에는 난초 관리에 곤욕스러워한다.

　과거로부터 오늘에 이르기까지 한여름 고온에서는 신촉의 물 고임 피해를 두려워한다. 여린 신아들이 관수 후 물 고임으로 인해 짓물러지거나 녹아내려 마음을 아프게 한다는 것이다. 난실 온도가 올라가고 습한 날이 지속되면 애타는 마음에 발을 동동 구르기도 한다. 그래서 난초에 물을 준 후 화장지를 돌돌 말아 고인 물을 제거하거나 선풍기 바람을 강하게 해서 물기를 제거하는 분들이 실제 있다고 한다.

올바른 관수의 예	관행 관수의 예

　그런데 나는 여느 사람들과 달리 신촉의 물고임 현상으로 고민해본 적이 없다. 관수 시점과 시기로 문제를 해결하기 때문이다.

　보통 입문자들이 고온에 물고임이 생기면 신아가 무르거나 병이 생긴다고 생각한다. 이건 물고임 현상보다는 난실이 불결해서 생기는 이유가 더 크다. 난실에 감염주가 있으면 고온에 확산 속도가 빠르다. 감염주에서 비산된 악성곰팡이류 포자가 난실 바닥이나 공기 중에 떠돌다가 관수 시 물에 의해 신촉의 기부로 유입되어 문제를 일으킬 수 있다는 것이다.

　이 문제는 물 주는 방식만 고치면 해결된다. 감염주는 난실에서 격리하거나 퇴출하고 관수할 때 난초 잎에다 바짝 대고 기부에 혹시 있을 수 있는 포자를 씻어낸다는 생각으로 관수하면 된다. 약 30초간 충분히 관수해주면 더 좋다. 관유정은 철저히 신촉을 씻어내듯 관수한다.

　두 번째 고민은 신촉의 기부는 아주 연약해서 뜨거운 날 물을 주면 조직이 짓물러진다는 것이다. 그래서 어떤 입문자는 밤 12시에 관수를 한다. 이 부분도 설득력이 약하다. 야생에 있는 난초를 보라. 뜨거운 날에 비가 내려도 신아가 짓무르거나 썩는 경우는 거의 없다. 기부의 물은 관수가 끝나자마자 대부분 자연 배출되거나 증발한다.

나는 한여름에도 오후 2~3시경에 관수를 한다. 농장을 처음 방문한 사람들은 그 모습에 깜짝 놀란다. 처음 보는 모습이라며 어리둥절해한다. 내가 한낮에 물을 주는 것에는 다 이유가 있다. 대낮에 달구어진 분내 뿌리의 온도를 낮추어 생리 활성을 돕기 위해서다. 잎의 온도도 낮추어 광합성 조건을 더 유리하게 하고자 제일 뜨거울 때 시원한 수돗물을 공급한다. 제일 더울 때 물을 주면 난초가 조금이라도 편안하게 쉴 수 있어서 그렇다.

나는 여름에는 월 28회 정도 물을 준다. 봄, 가을에는 월 14회다. 겨울에는 월 7회 정도 주면서 1년에 약 200회를 준다. 그래도 별 탈 없이 잘 자란다. 이 점을 염두에 두고 신촉의 물고임 걱정을 덜기 바란다.

12. 되도록 큰 화분을 써라

자, 건강한 난초를 구입해왔다고 치자. 그럼 이제 심어야 한다. 심을 때도 고민이 많다. 먼저 화분의 재질 문제다. 낙소분, 사기분, 플라스틱분 크게 세 종류의 난분이 있다. 또 화분의 크기도 제각각이다. 2.5호부터 5호분까지 다양하다. 이 중에 어떤 화분과 크기로 심어야 좋을지 갈피를 잡지 못한다.

출품용이 아니라 생활 속에서 사용하는 난분은 생활분(재배분)이라고 한다. 어떤 것을 사용하든 자신의 환경과 어울리는 난분을 선택하면 된다. 건강한 난초를 생산할 수 있는 난분이면 좋다. 난초를 세계에서 제일 잘 기르는 대만의 경우 비닐 포트에서 기르는 곳이 많다. 관유정도 플라스틱 화분을 사용한다. 비용이 싸기도 하지만 플라스틱 난분을 써도 품질에 전혀 이상이 없어 애용한다.

어떤 곳은 낙소분(토분)만 사용하는 곳도 있다. 비용이 비싸지만 그만큼 효과가 좋아 선택한 것이다. 중요한 것은 뿌리의 상태다. 건강한 뿌리를 생산할 수만 있다면 어떤 난분이든 상관없다.

그런데 여기서 짚고 넘어갈 것이 있다. 뿌리의 T/R율을 맞추고 감염되지 않은 건강한 뿌리를 생산할 때 화분의 재질과 크기도 반드시 고려해야 한다. 재배생리학적 기술로 볼 때 분내의 저수율과 보습률이 난분에 따라 달라진다. 낙소분은 플라스틱 난분에 비해 약 30퍼센트 정도가 빨리 마른다. 이 부분을 참고해 각자 환경에 따라 선택하면 된다.

중요한 것은 난분의 크기다. 화분의 크기는 분내 환경에 직접적인 영향을 미친다. 그래서 재질보다 더 중요하다.

난분의 크기와 재질을 신경 쓰는 것은 건식법과 습식법 때문이다. 건식법은 물기를 마르게 하는 방식이다. 그래서 난분을 되도록 작게 쓴다. 난석도 대석, 중석, 소석, 화장토로 배열해 심는다. 물 공급도 최대한 늦추며 관수한다. 대체로 화장토가 마른 후 하루 이틀 후에 관수하는 방식이다. 건식법은 고경력자들이 많이 활용한다.

나는 입문자들에게 화분 안에 물기를 머금는 정도를 넉넉하게 하라고 추천한다. 수분이 모자라 난초가 스트레스받는 것을 최소화하려는 것 때문이다. 그러려면 난분은 되도록 크게 사용해야 한다. 그래야 수분을 오랫동안 머금을 수 있다. 이것을 습식법이라 정의한다.

나는 습식법으로 1촉이라도 플라스틱 4호분에 심는다. 그것도 모자라 분벽으로 붙여 마치 7~8호분처럼 크게 사용한다. 난석도 소석 위주다. 분내 환경을 축축하게 유지하기 위해서다. 그랬더니 건식 때보다 에러도 줄고 건강하게 자랐다. 내가 습식법으로 에러를 줄이고 건강하게 난초를 길러서인지 나는 입문자들에게 화분 크기를 크게 하라고 조언한다. 그랬더니 대체로 건강한 난초를 기를 수 있었다.

13. 산반은 속장 무늬가 선명한 것을 선택하라

입문자들이 가장 많이 만나는 난초는 산반이다. 산반은 엽록체 돌연변이에 의해 탄생된다. 예전에는 산에서 흔하게 밟힐 정도로 많았다고 하는데 요즘은 산에서 산반 하나 만나기도 힘든 정도가 되었다. 그럼에도 산반은 종류가 다양하고 무늬도 천차만별이다. 이렇게 다양한 산반 중에서 어떤 색상과 무늬를 선택해야 좋은 결과를 얻을 수 있을까?

산반을 기르는 목적은 크게 두 가지다.

첫째는 꽃에 산반 무늬가 선명하게 나타나 관객의 마음을 사로잡는 명화를 피우는 것이다.

두 번째는 꽃은 별것 없지만 잎에 나타난 산반 무늬와 색감이 역동적이고 황홀해 관객의 마음을 사로잡는 엽예품으로 만드는 것이다.

그리고 세 번째는 잎에 발현된 무늬뿐만 아니라 꽃도 아름답게 피울 수 있는 그야말로 일석이조의 효과를 누리는 것이다. 이러면 금상첨화다.

어떤 산반 무늬가 명품 꽃을 피울 수 있을까? 명품의 산반화는 잎을 통해 어느 정도 유추가 가능하다. 가장 중요한 포인트는 속장(천엽)에 산반 무늬가 얼마나 많이 나타났느냐이다. 잎에 무늬가 없는 것에서도 우수한 꽃이 피기는 하지만 그런 경우는 아주 미미하다. 대부분의 좋은 산반화는 속장에 산반 무늬가 선명하게 남아 있는 것에서 피었다. 무늬가 깊고 오래갈수록 꽃에 아름다운 산반 무늬가 발현되는 확률이 높았다.

산반은 다른 무늬 종들과는 달리 한 땀씩 수를 놓듯이 무늬가 발현된다. 초

속장에 무늬가 없는 것	속장에 무늬가 많은 것

록색 비단 끝자락에 수를 놓은 듯한 생동감 있는 질감이 좋은 무늬라고 볼 수 있다. 나아가 황금색의 무늬가 나타날수록 좋다. 속잎 장까지 황금색 무늬가 골고루 나타난 것이 명품으로 인정받는다. 3년이 지나도 무늬의 소멸이 일어나지 않아야 한다.

입문자들은 이런 산반의 특성을 잘 이해하고 난초를 들여야 한다. 그러면 좋은 꽃이 피지 않아도 엽예로도 승부를 걸어볼 수 있다.

14. LED 등을 과신하지 마라

난초를 기르는 과정도 이제는 과학적으로 접근해야 한다. 열심히 기르는 것도 중요하지만 제대로 기르는 것은 더 중요하다. 그래서 기술을 배우고 익혀야 한다.

요즘 난초에 새로운 붐이 조성되는 분위기다. 난초가 가진 매력이 무궁무진해 많은 사람들이 난초에 관심을 갖는다. 그런데 다른 종목과 달리 교육 없이 현장에 뛰어드는 경우가 많다. 배드민턴도 탁구도 기본적인 자세와 기술을 익힌 다음 실전에 돌입하는데 난초는 그렇지 않다. 기본기를 탄탄히 한 후 현장으로 가야 실패를 줄이게 되는데 안타깝다.

교육 없이 현장으로 먼저 가다 보니 많은 부분에서 삐걱거리는 소리가 들린다. 특히 광합성과 관련된 다양한 설들이 난무한다. 겨울에는 햇볕을 쬐지 말고 꽁꽁 싸매서 잠을 재워야 한다. 햇빛 양이 많으면 난초가 타므로 최대한 어둡게 길러라. 햇빛이 들지 않아도 상관없다. LED 등으로도 얼마든지 보완할 수 있기 때문이다 등등. 이 같은 다양한 설들을 있는 그대로 받아들여 많은 입문자들이 피해를 입고 있다.

난초 교육 중 제일 중요하게 여기는 것은 먹이를 공급하는 대목이다. 난초의 먹이란 탄수화물 합성(광합성)이다. 즉 광합성을 충분히 하지 못하면 난초는 건강하게 자라지 못한다.

대부분의 입문자들이 20~30분을 기르기 위해 베란다나 거실 창을 선택한다. 최적의 장소임에는 분명하나 중요한 것은 햇볕이 충분히 들어오느냐이다. 햇빛이 충분하지 않으면 난초가 배부르게 먹이를 섭취하지 못한다. 이때 해결책으로 선택하는 것이 전구이다. 형광등이나 LED 램프를 사용해 부족한 광합성 양을 채우려고 한다. 하지만 LED 램프는 보조수단일 뿐이다. 보조수단을 맹신하고 배양하다가는 좋은 결과를 얻을 수 없다. 뭐니 뭐니 해도 자연광이 최고다.

나는 교육생들에게 자연광으로 일평균 6000럭스(lux)의 빛을 쬐어주라고 말한다. 최소한 5시간 이상 빛이 들게 해 6000럭스(lux)가 돼야 한다는 것이다. 광도가 부족하면 채워줘야 한다.

이때 부족한 것을 채우기 위해 LED 램프를 활용하는 것이다. LED 램프를 사용할 때는 조도계로 측정을 정확히 해 최소 4500럭스까지는 채울 수 있도록 해야

LED 램프 활용	휴대폰 조도계
	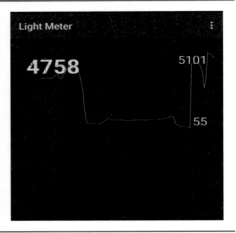

한다. 그런데 대부분의 LED 램프가 2000럭스를 넘기지 못한다. 그러니 등을 많이 달거나 더 성능이 좋은 것을 선택해 하루에 필요한 양을 비춰주도록 해야 한다.

그리고 자연광이 아니라 보조 램프로 난초를 기르다간 웃자람이 발생할 수 있다는 것을 명심해야 한다. 자칫 잘못하다가는 난초가 웃자라 상품성을 잃게 된다. 난초는 영초라 여러모로 손이 많이 간다. 하지만 정성껏 길러놓으면 그 보답을 반드시 한다. 그것을 믿고 보조등도 잘 활용할 것을 권한다.

15. 모든 무늬는 황색이 으뜸이다

난초의 기본은 줄무늬에서 출발한다. 산채를 가서 줄무늬의 호, 복륜, 산반, 중투를 보면 기분이 짜릿하다. 무늬종을 만나도 가슴이 저절로 뛴다. 서반, 서호반, 호피반, 사피반과 같은 무늬는 황홀하다. 그럼 다양한 줄무늬와 무늬종들 중 어떤

신아가 나올 때 황색	신아가 나올 때 유백색(우유색)

색이 으뜸일까? 이것을 알고 난초를 만나면 더 좋은 결과를 장담할 수 있다.

난초의 이름을 지을 때 가장 많이 쓰이는 것이 '금'자이다. 여기서 금은 비단 금(錦)을 말한다. 아름다운 것을 비유할 때 활용하는 말이다. 비단은 상류층의 옷감이다. 임금의 옷은 곤룡포라고 한다. 여기에는 용이 새겨져 있다. 그것도 황금색 실로 살아 있는 듯한 용을 새긴다. 오직 임금만이 황금색 실로 용을 새겨 넣은 옷을 입는다. 이런 이유로 볼 때 난초도 황금색이 최고라고 생각한다.

노란색이라고 다 같은 대우를 받지는 않는다. 농도에 따라 값어치가 다르다. 금도 순도에 따라 색이 달라지지 않는가. 순금인 24k는 진한 황색, 18k는 보통 황색이다. 14k는 바나나 우유처럼 옅은 황색이다. 도금은 색이 화려한 것 같지만 어딘가 모르게 티가 난다. 이것은 난초에서도 똑같이 적용된다. 가장 진한 황색을 띠는 것을 최고로 친다는 말이다.

성촉이 되었을 때 노랑을 유지하고 있는 것이 최고이지만 신아 때부터 노란색을 띠고 있다면 금상첨화다. 이 점을 생각하며 난초 색감을 따져보아야 한다. 백색도 나름 귀하지만 황색에 비하면 개인적인 생각으로는 의미가 떨어진다. 그래서 관유정은 가급적 황색만 고집한다.

현재 난계에서 최고의 가격을 자랑하는 단엽 중투는 모두 황색이다. 단엽이 아닌 중투도 황색과 초록색 비율이 좋은 것이 최고이다. 복륜도 호피반도 사피반도 서반도 최고는 황색이다. 그 점을 생각하며 무늬종을 만나라. 황색의 무늬는 언제 보아도 가슴이 뛴다.

16. 가짜 황화에 속지 마라

색화 중에서 가장 판별이 어려운 것이 황화이다. 가짜도 제일 많다. 시중에 황화라고 나도는 꽃 중 소심과 두화나 원판 황화라는 것 중 진짜 황화는 얼마 되지 않는다.

황화라고 매입해 자신이 꽃을 피우면 황화로 피지 않을 확률이 높다는 말이다. 그래서 입문자는 황화를 구입할 때 매우 주의해야 한다.

황화는 꽃잎에 나타난 노란색만으로 판별하면 실수할 수 있다. 황화를 판별하려면 다음과 같은 항목에서 의심이 없어야 한다.

번호	기준	판별
1	만개 시 화경 색상이 초록색인가?	백색이면 의심
2	2년생 뿌리가 황색인가?	황색이 아니면 의심
3	개화가 진행되면서 황색이 엷어지지 않는가?	엷어지면 의심
4	자연광 상태로 햇볕을 쬐어 황색이 반짝이는가?	아니면 의심

| 5 | 자연광 상태로 햇볕을 쬐었을 때 색상이 진해지는가? | 아니면 의심 |
| 6 | 벤젠 검정 테스트법으로 황색소가 용출되는가? | 아니면 아님 |

| 가짜 황화를 판별하는 기준표(경우에 따라 예외인 것도 있음. 안전도 위주로 설명하였음.)

노랗다고 모두 황화가 아니다. 위 항목에서 의심이 없어야 진짜 황화로 볼 수 있다. 특히 두화나 원판화는 황화를 구별하기가 더 어렵다. 꽃잎이 두터워서다. 두터우면 공명현상이 더 커져 빛을 조금 더 반사하는 경향이 있다. 그래서 더 조심해야 한다. 황화는 다음 그림처럼 화경이 초록색이어야 진짜 황화이다.

| 화경이 녹색임. 호박 꽃.　　　　　　　　　| 황화소심 정영.

난초에서 엽록체는 엽록소(a, b)를 가지고 있다. 그리고 카로티노이드계 색소인 카로틴과 잔토필이 함께 존재한다. 이 두 녀석(카로틴과 잔토필)이 늘 문제를 만든다. 이들은 품종마다 비율이 다르다. 햇볕을 받지 않아도 나타난다. 차광을 강하게 하면 어떤 건 마치 흰 꽃처럼 또는 노란 꽃처럼 보인다. 또 어떤 것은 주금색 꽃처럼 나타나기도 한다. 이들 모두는 엽록체 내에 존재하는 것에 불과하지 진정한 색화

수선화 꽃잎과 꽃대   수선화 꽃잎의 반짝거림   황화 원명-노란색 뿌리

라고 볼 수 없다.

그럼 어떻게 해야 가짜 황화의 피해에서 벗어날 수 있을까. 다음 표를 잘 확인하며 점검하면 된다.

안 속는 솔루션	
1	사진과 말을 듣고 결정하지 마라!
2	2년생 뿌리 색상을 보라!
3	산채품은 전문가에게 감정을 받고 결정하라!
4	개화한 지 20일이 지났을 때 실물을 보고 판단하라!
5	화경의 색상이 콩나물 허리 색상의 백색이면 주의하라!
6	턱없이 값이 싸면 주의하라!

| 가짜 황화의 피해를 줄이는 방법

서화는 황화가 아니고 유령복륜화도 황화가 아니다. 위와 같은 판별 기준으로도 구별이 어렵다면 감정료를 들여서라도 전문가의 도움을 받는 것이 좋다.

요즘 유행처럼 두화나 원판화에 강차광을 시켜 색화라며 SNS에 올리는 경우가 많다. 황화 구분을 못하는 입문자는 두화에 색화라며 군침을 흘린다. 그러다 큰 돈을 지불해 자신의 품속에 들이고는 기분 좋아한다. 촉수를 늘려 판매할 생각을 하면 입가에 미소가 번진다.

하지만 그런 바람은 이루어지지 않는다. 영원히 바람으로 남고 그 과정에 쓰라린 눈물을 흘릴 수도 있으니 입문자는 조심해야 한다.

17. 난초와 교감하라

무엇을 기르든지 교감이 중요하다. 마음을 알아채고 사랑을 나눌 때 기쁨은 배가 된다. 주인이 들어왔는데도 본체만체하고 딴짓을 하는 애완동물은 정이 가지 않는다. 난초도 다르지 않다. 서로 교감하며 원하는 것을 이해해야 오랫동안 함께할 수 있다.

요즘 반려동물을 키우는 사람들이 많아졌다. 반려에는 정서적으로 의지하고 생각과 행동을 함께하는 가족 구성원이라는 의미가 내포돼 있다. 아주 밀접한 관계라는 것이다. 삶에 활력을 주고 없어서는 안 될 존재이다.

난초도 반려식물이라는 개념으로 길러야 한다. 평생을 함께하겠다는 생각으로 세심하게 살피며 길러야 한다. 이제는 식물도 윤리적인 잣대로 바라보는 문화의식이 필요하다. 하나의 소중한 생명체라고 생각하며 성심성의껏 길러야 한다. 소리 내지 않고 움직이지 못한다고 무시해서는 안 된다는 말이다.

일본에서 열린 난초 세계대회에서 3번의 우승을 차지한 분의 인터뷰가 인상적

난초와 교감하는 모습

이었다. 그분은 난초와 대화를 하며 배양한다고 했다. 자신의 반려견과 똑같이 대해주면서 함께한다고 했다. 그랬더니 난초도 건강하게 잘 자라는 것으로 보답해준다고 말했다.

난초는 주인이 지정해둔 난실에서 좋은 조건이든 좋지 않은 조건이든 어쩔 수 없이 살아가야 한다. 스스로 움직일 수 있는 결정권은 없지만 난초는 늘 우리에게 의사표현을 한다. 목이 마르거나 배가 고프거나 아프면 잎으로 뿌리로 신호를 보낸다. 평소 세심하게 살피는 사람은 그 신호를 알아채고 즉각 조치를 취할 수 있다. 반려식물이라고 생각하고 관심을 가지고 생활했기 때문이다. 난초에 마음과 생각이 집중될 때 난초의 신호가 우리 눈과 귀에 보이고 들린다.

애완견이 병치레를 하면 온 가족이 나서서 치료하려고 힘쓴다. 안타깝게 삶을 마감하면 가족이 죽은 것처럼 슬퍼한다. 그런데 난초가 아프면 어떻게 하는가? 난초가 죽음을 맞이하면 어떤 반응을 보이는가? 난초 중에도 애완견 못지않게 비싸고 값진 것이 많다. 생명도 붙어 있다. 그러니 늘 교감하며 배양해야 한다. 그러면 난초도 나름대로 화답해준다.

난초가 재테크와 돈벌이의 도구라는 생각보다 더 중요한 것은 가족이라고 생각하며 교감하는 것이다. 그러면 자신이 생각한 것 이상으로 난초가 보답해줄 것이다. 그런 마음으로 난초를 대한다면 행복한 애란생활을 이어갈 수 있다.

18. 색화 색상을 좋게 피우는 방법

아름다운 색화를 구입했다고 해서 바라는 결과가 금방 나타나진 않는다. 꽃의 특성을 잘 발현해 좋은 색상이 나타날 수 있는 방법을 알아야 한다. 아무런 준비 없이 열심히 물을 주고 시비를 한다고 해서 좋은 꽃이 피지 않는다는 말이다.

색화 색상을 좋게 피우려면 가장 중요한 것은 유전적 성질이 좋은 난초를 선택하는 것이다. 분홍색 코스모스는 어떤 기술과 노력을 기울여도 붉은색 꽃을 피우지 않는다. 난초도 마찬가지다. 타고난 유전적 특성에 의해 색상 발현의 범위와 농담과 계열이 결정된다.

모든 색화는 각각 4가지 종류로 나뉜다. 황화의 경우 1. 백+황, 2. 녹+황, 3. 황+황, 4. 주금+황으로 구분된다. 이중 가장 최고로 치는 게 황+황이다. 1, 2, 4는 아무리 전문가라 해도 황+황으로 만들 수 없다. 그래서 처음부터 난을 들일 때 관유정에서는 황+황의 유전적인 특성을 갖고 있는 것을 우선적으로 고려한다.

꽃의 세포 내 색소의 밀도도 제각각이다. 묽은 것에서 진한 것으로 대략 3등급으로 나뉜다. 이 또한 유전적 특성 영향이 크다. 인위적인 노력으로는 한계가 있다는 말이다. 진한 초록색, 황색, 주금색, 홍색을 원한다면 유전적으로 최상의 색상을 가지고 태어난 품종을 찾는 일부터 선행돼야 한다. 그러나 좋은 유전 형질임에도 제 특성을 발휘하지 못하는 경우도 있다. 차분히 입문편과 전문가편을 보면 실수를 줄일 수 있을 것이다.

여기서 한 가지 짚고 넘어갈 것이 있다. 사람마다 추구하는 색상의 강도가 다르다는 점이다. 프로인 나 같은 경우는 홍화와 주금화의 경우 밝고 화사한 것을 좋아해 유전적으로 너무 진한 것은 오히려 20% 정도 덜 붉게 만들려고 차광을 한다. 그러니 자신이 추구하는 색상이 무엇인지 아는 것이 필요하다.

좋은 색상의 꽃을 피우기 위한 두 번째 요소는 건강하게 길러 세력이 좋도록 하는 것이다. 사람도 잘 먹고 걱정이 없어야 안색과 혈색이 좋아진다. 난초도 다르지 않다. 순광합성 양을 높여 건강한 상태에서 꽃을 달아야 색상이 좋다. 꽃 한 송이당 잎 장수를 10~12장 정도로 맞추는 것도 필요하다. 촉수도 4~5촉은 돼야 한다. 뿌리의 수가 잎 장수와 같으면 더 좋다.

세 번째로는 차광처리 기술을 익혀야 한다. 차광은 꽃의 색상을 더 화사하고 고급스럽게 만들기 위한 기술이다. 일명 녹색소 발현 억제 처리 기술이다. 사과에 봉지를 씌워 더 빨갛게 보이게 하기 위한 것과 같은 맥락이다.

차광은 여러 가지가 있다. 난초 꽃봉오리만 선별적으로 수태를 덮어씌우는 방식, 수태를 덮고 거기에 불투명이나 반투명의 화통을 봉지를 씌우듯 덮어씌운 방식도 있다. 이를 화통 처리라 한다. 화통 처리를 해서 꽃에 전해지는 햇빛 양을 조절해 엽록체 생성을 억제시키는 것이다. 이 과정에서 더 화사하고 고급스럽게 연출할 수가 있다. 화통 처리 기술에 따라 초록색 꽃도 희거나 노랗게 되지만 이 것이 색화는 아니다. 색화처럼 보일 뿐이다. 입문자들이 많이 헷갈려 하는 부분 이다.

수태 차광

투명 화통

| 암 화통 | 암화통 처리로 핀 의성백화 |

다음은 색화별 차광 포인트를 정리한 표이다. 다음 표를 참고해 난초의 성질에
따른 아름다운 색을 발현하기를 바란다.

	차광 유형	기간	개화온도(2월 중순)	개화 시 조도
황화	강 차광	12월까지	주 20도, 야 15도	2500럭스
주금화	강 차광	12월까지	주 20도, 야 15도	5000럭스
홍화	중 차광	11월까지	주 20도, 야 15도	3000럭스
자화	무 차광	-	주 15도, 야 5도	6000럭스
	꽃잎의 바깥 표피층에서 색상이 발현되므로 꽃 크기를 최대한 작게 피워야 함			
백화	강 차광	12월까지	주 15도, 야 15도	2000럭스
줄무늬화 (산반, 복륜, 중투)	중 차광	12~1월까지	주 20도, 야 15도	5000럭스
얼룩무늬	약 차광	품종에 따라 차등	주 20도, 야 15도	3000럭스

| 계열별 차광표 <관유정의 예 -품종마다 편차가 조금씩 있으므로 참고용>

19. 매입하면 안 되는 기준을 점검하라

입문자들이 난초를 접하고 좌절을 경험할 때는 다음과 같은 경우가 많다. 믿고 구입했는데 판매자가 말하는 내용과 다른 난초를 만난 경우이다. 구입한 난초가 얼마 못 가 시름시름 앓다가 죽어가는 것을 보았을 때도 실망감과 좌절을 경험한다. 어떤 이유로 죽음에 이르는지조차 알 수 없을 때는 배신감과 실망감으로 힘겨워한다. 이 외에도 다양한 경우들이 입문자의 마음을 아프게 한다. 그래서 매입하면 안 되는 기준에 대한 점검이 필요하다.

판매하는 사람은 난초의 좋은 점을 홍보하기에 열을 올린다. 대부분 단점보다 장점이 많다고 한다. 그래서 판매하는 사람의 말을 곧이곧대로 믿어서는 곤란하다. 구입하는 사람이 나름대로 기준을 정해놓아야 마음 아픈 일을 겪지 않는다.

아래 표의 매입 불가품은 난초 농장을 하는 프로들도 판단하기 어렵다. 프로들도 어려운데 입문자들은 오죽할까? 그렇다고 프로들이 일일이 쫓아다니면서 사야 할 것과 사지 말아야 할 것을 알려줄 수도 없다. 자신이 잘 배우고 익혀서 지혜로운 선택을 해야 한다.

판매 불가품들은 주로 익명이나 대리인을 내세운 온라인상에서 매매가 이루어지는 경우가 많다. 저가 출발 경매품에 슬그머니 나오는 경우도 있으니 주의할 필요가 있다. 사야 할지, 말아야 할지 모르면 사지 않는 게 좋다. 꼭 사야겠다면 감정료를 주고 전문가의 의견을 구하는 것이 현명하다. A/S가 가능한 명문 농장을 직접 방문해 구입하는 것도 좋은 방법이다. 다음 표를 보고 지혜로운 선택을 하길 바란다.

번호	검토 내용	조건	이유
1	진위(출처)가 명확하지 않은 것	매입 불가	판매 또는 출품 불가
2	바이러스 의심 증상이 있는 것	매입 불가	판매 또는 출품 불가 합병증으로 위험
3	자연생과 국산이 의심 가는 것	매입 불가	판매 또는 출품 불가
4	잎 뒷면에 작은 반점 병이 보이는 것	매입 불가	판매 또는 출품 불가 완치가 어려움 다른 난으로 전파 위험
5	뿌리에 감염된 자리가 많은 것	매입 불가	판매 불가 완치가 어려움 다른 난으로 전파 위험
6	잎의 엽록체에 황달이 온 것(그림 참조)	매입 불가	죽을 위험이 높음
7	신촉의 성장이 멈춘 것	매입 불가	중병 감염 의심

| 매입 불가품 점검 리스트

황달이 진행된 중투	같은 품종의 1~2년생 정상 중투

20. 성공하지 못한 사람의 말은 참고만 하라

난초계에는 그동안 과학적이고 체계화된 교육 매뉴얼이 없었다. 대신 〈난과 생활〉과 〈난세계〉 두 잡지사가 유익한 정보를 제공해주었다. 두 잡지로도 부족한 사람들은 지역의 경력자들에게 난초 배양 경험과 노하우를 묻고 배우며 익혔다. 난우회와 선배 산채인에게 궁금증을 해소하며 기술을 향상시킨 경우도 많았다.

하지만 입문자들이 난초 배양에 도움이 되는 공통분모를 찾기가 쉽지 않았다. 만나는 선배들마다 배양기술과 정보가 다르기 때문이다. 난석도 제각각, 비료도 제각각, 화분도 제각각이었다. 물을 주는 방식도 달랐다. 입문자들은 경험치가 없어 믿을 만한 경험자들의 방식을 그대로 도입해 난초를 길렀다.

선배 애란인이 성공했다고 자부한 방식은 처음에는 나름 괜찮은 성적을 냈다. 그러나 3~4년차에 고배를 마시는 경우가 많았다. 요즘의 풍경도 옛날과 크게 달라지지 않은 것 같다. 각종 유튜브로 전해지는 정보를 습득해 따라하는 사람도 많다. 그런데도 의미 있는 결과를 만들어가는 사람은 많지 않다.

그렇다고 누굴 탓할 수는 없다. 체계적으로 배우고 익힐 만한 마땅한 책이 없었기 때문이다. 더 큰 문제는 예전에 비해 요즘은 하이옵션을 갖춘 난들이 많아졌다는 것이다. 훨씬 더 까다롭고 민감해 체계적인 기술을 필요로 한다. 그래서 입문자들은 자기중심을 잡아야 한다. 누군가의 배양 기술을 있는 그대로 받아들이는 것이 아니라 자기만의 난초관을 설정하고 체계를 갖추어야 한다. 성공했다고 자부한 사람들의 이야기는 참고용으로 활용하면 된다는 말이다. 특히, 난 유통이나 알선을 하시는 분들은 재배의 달인들이 아니다. 판매의 달인들이다.

난초를 전업으로 하시는 분들도 자신만의 난초관을 잡는 것은 쉽지 않다. 그렇다고 무시할 수도 없는 노릇이다. 그래서 더욱 난초에서 추구할 수 있는 가치관을 스스로 결정해야 한다. 경력이 쌓이면 가치관이 달라질 수 있지만 대원칙은 바뀔 수 없다.

다음에 수록된 난초관을 보며 자신이 추구해야 할 난초관은 무엇인지 점검해보면 좋겠다.

	관점	세부 내용
1	미술적 관점	어떻게 생긴 것이 내 취향에 가장 아름다운 것일까?
2	작품적 관점	어떻게 만들고 다듬어야 내가 추구하는 작품관에 부합하는 작품을 만들 수 있을까?
3	취미적 관점	어떤 요소가 나에게 짜릿하고 행복한 울림을 줄 수 있을까?
4	생산적 관점	내 환경과 조건을 볼 때 어떻게 길러야 가장 건강하고 튼튼하게 기를 수 있을까?

| 난초를 바라보는 관점

단순히 홍색의 꽃을 매년 피워서 감상하고 싶다면 굳이 비싼 한국춘란을 선택할 필요는 없다. 홍색의 꽃으로 기쁨을 얻을 꽃과 식물은 많다. 그럼에도 한국춘란을 선택하겠다면 그에 합당한 가치관이 형성돼야 후회하지 않는다. 스스로의 방향에 대한 프레임을 짜야 한다는 말이다. 난초는 화단에 붉게 핀 장미꽃과는 차원이 다르기 때문이다.

나는 교육생들에게 마르고 닳도록 이야기한다. "귀가 얇으면 답이 없다!"라고 말이다. 귀가 얇으면 평생 귀동냥으로 난초를 기른다. 자신의 가치와 환경과 여건에 합당한 난초관도 없이 귀동냥에 매달리면 의미 있는 결과를 만들 수 없다. 그러니 선배 애란인의 말을 참고삼아 자신만의 난초관을 확립한 후 본격적인 입문을 해야 한다. 그래야 후회가 적고 의미 있는 결과도 만들어낼 수 있다.

21. 기본기가 평생을 책임진다

세상의 모든 것들은 탄탄한 기본 위에 결과물이 생성된다. 운동, 공부, 건축, 예술, 과학, 의술 등 모든 분야가 탄탄한 기본기가 바탕이 돼야 의미 있는 결과를 만들어낼 수 있다. 코로나19 바이러스를 예방하는 것도 마스크를 착용하고 흐르는 물에 30초 동안 손을 씻는 것이 기본이다. 나아가 건강거리 2m를 지키면 좋다. 기본만 지켜도 예방이 가능하다.

난초로 취미 이상의 결과를 얻으려면 기본기를 탄탄히 한 후 도전해야 한다. 기본이 없이 시작하면 아무리 좋은 품종, 기대되는 품종이 즐비해도 모래 위에 성을 짓는 꼴이 되고 만다. 처음 시작은 성대하지만 나중은 미약하게 된다. 반대로 기본이 탄탄하면 나중에는 난초로 웃을 일이 많아진다.

그렇다면 입문자들이 갖추어야 할 기본기는 무엇일까? 가장 먼저 추천하고 싶은 것은 입문하기 전에 난초에 대한 기본 지식을 익히는 것이다. 나는 30년간 난초를 하며 수많은 경력자들을 보았다. 그런데 실력자 중에서도 기본기가 미약한 사람들이 많았다. 잡다한 기술과 이론은 많이 알고 있지만 난초에서 아주 기본이 되는 지식은 갖추지 못하고 있었다. 기본기 없는 잡다한 기술은 의미가 없다. 체계적인 설계도 없이 건물을 올리는 형국이다. 그렇게 쌓아올린 건물은 언젠가는 무너지고 만다.

세 살 버릇이 여든을 간다는 말은 기본기의 중요성을 대변하는 속담이다. 그만큼 기본기가 중요하다고 조상들도 이야기한다. 예를 들어 물주기의 기본은 무엇일까? 난초를 등 따시고 배부르게 해주는 것이다. 이게 기본이다. 등 따시게 하려면 겨울은 따뜻하게, 여름은 시원하게 해줘야 한다. 배부르게 하려면 광합성 조건을 최대한 조성해줘야 한다. 광합성의 기본은 적정 조도 6000럭스와 연간 2000시간 이상의 충분한 시간을 보장해주는 것이다. 그리고 광합성이 잘 이루어지도록 물을 잘 주는 게 기본이다. 마감프-K를 줄 때는 뿌리 위에 마감프-K가 놓이도록 하는 게 기본이다. 그래야 관수 시 비료분이 물에 녹아 뿌리로 들어가기 때문이다.

난초 잎에 농약을 칠 때는 잎의 뒷면에 농약이 가도록 해야 한다. 이게 기본이다. 그런데 우리 난계는 대부분 잎의 앞면에 농약을 분무한다.

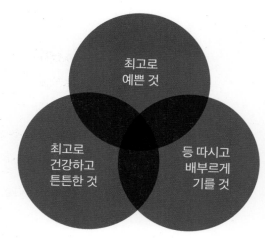

| 난초의 기본 3요소

기초가 있어야 1층을 세울 수 있고 1층이 견고해야 100층도 가능해진다. 난초를 제대로 기르기 위해서는 건강한 난 들이기, 환경조성, 감상법, 재배 생리, 작품 만들기 등 과목마다의 기본기를 다 배워야 한다. 기본기를 알아야 소중한 돈과 기회를 가장 효율적으로 활용할 수 있는 방향성이 보인다. 입문편과 전문가편에 수많은 기본기를 녹여놓았다. 책만 잘 섭렵해도 탄탄한 기본기를 세울 수 있다.

수백 가지의 기본이 있어도 처음에는 딱 3가지에서 시작한다. 첫 번째가 잘생긴 난을 찾는 것이고, 두 번째가 건강한 포기를 난실로 들이는 것이며, 세 번째는 난실에 있는 난초를 등 따시고 배부르게 해주는 것이다. 이 3가지 기본만 잘 지켜도 최소한 난초로 후회하는 일은 없을 것이다.

22. 화판 형태에 대한 이해도를 높여라

화예품에서 화예 계급체계를 나눌 때는 화판의 볼륨을 구분해 나누는 방식으로 한다. 외삼판(주·부판)의 폭 대비 길이로 계급을 나눈다는 말이다. 최고로 높은 계급은 폭 대비 길이가 짧은 것이다. 화판 볼륨으로 구분해 최고의 계급은 원판이다. 그다음 매화판, 수선화판, 죽엽판 순이다. 원판까지는 외삼판(주 · 부판)만 부합하면 되지만 두화는 내삼판(봉심 · 순판)과 외삼판(주 · 부판) 모두를 본다는 점에서 큰 차이가 있다.

화형은 화판형과는 근본이 다르다. 화형은 오롯이 전체 꽃잎의 구성미를 보는 것이다. 어깨의 높낮이와 측면에서 볼 때 포옹하듯 안고 있느냐 아니냐 등의 관상학적인 요소를 말한다. 화형은 전문가편에 상세히 실어두었으니 참고하면 된다.

화판형은 서열이 변하지 않고 정해져 있다. 야생에서 발견될 빈도와 희소성에 의해 결정되기 때문이다. 희소도에 따라 값어치가 매겨진다고 보면 된다. 1등급인 두화나 2등급인 원판화는 그만큼 보기가 어렵다는 말이다. 유전학적으로도 공감이 가는 부분이다.

다음은 화판형의 등급체계이다. 표를 보면 이해가 쉬울 것이다.

등 급	1등급	2등급	3등급	4등급	5등급
구 분	두화	원판	매화판	수선화판	죽엽판
폭 대비 길이	1:1~1.2	1:1.3~1.6	1:1.7~2.0	1:2.1~2.4	1:2.5~3.0
꽃잎 모습					
전체 모습					

한국춘란 가이드북 입문편

| 화판형의 계급 체계

위와 같은 계급 체계가 있는데도 3등급 매화판이 두화라며 판매장에 나온다. 입문자들은 판매자가 두화라고 하면 의심 없이 받아들이는 실정이다. 위 그림을 보며 이제는 3등급 매화판을 두화 값에 사는 일은 없도록 해야 한다. 판매자도 정확하게 구분해 판매하는 것이 저변확대에 도움이 된다.

다음 그림을 보면 더 이해가 쉽다. 그림 1은 매화판이며 그림 2는 원판이다. 입문자들은 언뜻 보면 비슷하게 보이겠지만 확연히 다르다. 가격도 차이가 난다. 그래서 화판형을 이해해야 한다.

| 그림 1. 3등급 매화판 | 그림 2. 2등급 원판

다음 그림 3과 그림 4를 보자. 두 꽃도 얼핏 보면 차이를 느낄 수 없다. 하지만 화판을 직접 비교해보면 꽃잎의 폭과 길이에서 많은 차이를 보인다. 그림 3은 길이가 짧아 매화판이 되고 그림 4는 수선화판이 된다.

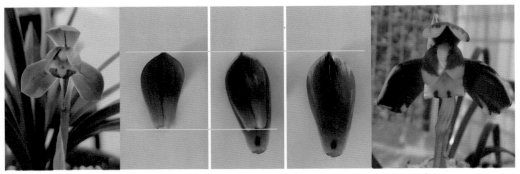

| 그림 3. 3등급 매화판 | 그림 4. 4등급 수선화판

　여기서 한 가지 생각해볼 것이 있다. 등급이 높다고 무조건 좋은 것은 아니라는 말이다. 전체적인 인상과 화형이 좋으면 낮은 등급이라도 예쁘지 않은 윗등급보다 더 좋다. 예를 들어 3등급 매화판(그림 3)이 한 등급 아래 4등급 수선화판(그림 4)보다 전체적인 인상이 좋지 않으면 잘생긴 수선화판보다 못하다는 말이다. 색이 없는 초록색 원판이라도 퍼펙트하게 잘생겼다면, 두화이지만 인상이 좋지 않은 것에 비해 주목을 받을 수 있다. 이런 점을 이해한다면 작품할 품종을 선정할 때 도움이 될 것이다.

　화형을 볼 때도 개화 시점이 어느 정도인지를 알고 결정해야 한다. 어떤 꽃은 50% 정도 개화되었을 때가 예쁘고 어떤 꽃은 100% 개화되었을 때가 예쁠 수 있기 때문이다. 꽃의 화형을 평가할 때는 반드시 가장 예쁠 시점과 100% 개화 시점을 종합적으로 보고 판단해야 한다. 작품에 출전할 때는 최고로 예쁠 때가 50% 개화되었을 때라도 80~100% 개화 시점을 기준으로 출품해야 한다. 이것이 최소한의 에티켓이며 감점을 줄이는 방법이다.

한국춘란 가이드북 입문편

| 그림 5. 짧은 수선판과 매판 사이 | 그림 6. 80% 개화한 소륜의 매판 | 그림 7. 정 원판

위 가운데 사진을 보면 개화 시점에 따라 꽃이 다르게 보인다는 것을 알 수 있다. 그림 6을 보라. 우측은 50% 개화 때이고 좌측 꽃은 80% 개화 시점이다. 우측은 자칫 두화로 오인할 수 있다. 이처럼 개화 시점이 언제인지에 따라 화판형이 달라지므로 주의해야 한다.

개화 시점을 이해하지 못해 대회에서 웃지 못할 일이 벌어질 때도 있다. 대회 전날 50~60% 개화한 난초를 기준으로 심사했는데 전시장에서 본 난초는 전혀 다르게 피어 있는 경우이다. 전시장의 특성상 난실보다 온도가 높고 조도는 낮아 급속하게 꽃이 피는 경우가 많다. 하루 이틀 사이에 화판형이 달라져 상을 받지 않은 상품보다 못한 일이 벌어지는 것이다.

두화라 해도 개화가 50%(반개화) 정도 때 보면 두화인 것 같아도 그 난초가 원판이 될지 두화로 남을지는 주인 외에는 정확히 알 수 없다. 또한 봉심이 벌어질지, 립스틱이 엷어질지, 초록색이 엷어질지, 입술에서 붉은색이 나타날지 등을 알 수 없다. 그래서 만개 시점에서 난초를 보고 판단해야 한다. 그렇지 않으면 자신이 상상한 꽃과 전혀 다른 꽃을 만날 수 있다.

23. 예쁘지 않은 인상은 관심을 끌지 못한다

한국춘란은 민춘란이란 거대한 집단과 엽예와 화예를 통틀어 25가지 정도 계열로 나뉜다. 엽예와 화예만 계급이 존재하는 것이 아니라 민춘란에도 계급이 있다. 민춘란도 애완견처럼 잘생기고 못생긴 게 엄연히 존재한다. 강연을 할 때 잘생긴 민춘란과 못생긴 민춘란을 보여주면 문외한들도 잘생긴 인상이 무엇인지 알아맞힌다. 참 신기한 일이다.

사람들은 말해주지 않아도 안다. 어떤 꽃이 예쁜지를 말이다. 추접한 것보다 깨끗한 것을, 헤벌쭉한 것보다 긴장미가 넘치는 것을 더 예쁘다고 느낀다. 색화 소심이어도 인상이 좋지 않으면 예쁘지 않다고 느끼고, 민춘란이어도 인상이 좋으면 예쁘다고 느낀다는 것이다. 그러므로 입문자들이 난초로 의미 있는 결과를 만들어내려면 인상 좋은 난초를 만나야 한다. 즉, 잘생기고 단정하고 누가 봐도 빠질 것이 없으면 그 또한 화폐가치에 결정적으로 작용한다는 점을 볼 때 이것도 일종의 예라 할 수 있다.

두화나 원판화란 말은 잘생겼다는 뜻이 아니고 화판 볼륨의 등급일 뿐이다. 원판화도 화형을 아주 잘 갖춘 1등급에서 못 갖춘 4등급까지 나뉜다. 또한 아주 잘생긴 등급에서 못생긴 등급으로도 나뉜다. 두화나 원판은 맞으나 4가지(봉심, 화근, 화근색, 구성비)가 모두 미비하고 잎과의 콤비네이션도 좋지 않으면 4가지를 갖춘 매화판보다 못하다.

언제부터인가 두화라면 묻지도 따지지도 않는 이상한 풍토가 생겨났다. 봉심이나 화근, 화근색, 구성비를 볼 생각은 하지 않는다. 그냥 두화면 되고 값이 적당하면 끝이다. 두화가 희소성은 있지만 그렇다고 제일은 아니다. 두화라도 못생기면 값어치가 떨어진다. 관유정에서는 과거에는 잘 몰라 취급하였으나 지금은 취급하지 않는다. 입문자들이 이 점을 간과해서는 안 된다.

나는 명장임에도 그간 민춘란을 구입한 적이 제법 있다. 민춘란이지만 인상과 관상이 너무 좋아 기꺼이 돈을 지불했다. 얼마 전(2020년 3월)에도 아주 잘생긴 원판화를 만나 농장에 들였다. 그런데 그 난초로 작품을 하고 싶다는 대가가 욕심을 냈다. 그분은 두화 소심 일월화와 원판화를 맞교환하자고 제안했다. 이 모습을 지켜본 사람들은 자전거와 승용차를 맞교환했다고 말했다.

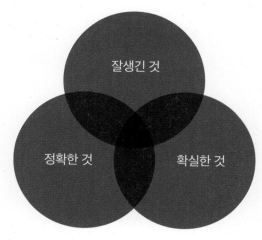

| 품종 선택의 3요소

그럼 일월화를 가져온 난초 대가가 손해를 봤을까? 아니다. 그분은 원판화로 대회에 나가면 일월화보다 금상을 받을 확률이 높다. 두화 소심은 흔하지만 모든 조건을 잘 갖춘 원판화는 귀하기 때문이다. 현재 대회의 분류체계는 편의상 원판화와 두화가 구분돼 있지 않다. 그러나 나는 입문편과 전문가편에서 철저히 구분해놓았다. 학교에서 강의할 때도 구분해 교육시킨다. 두화도 금상 1개, 원판화도 1개라는 말이다.

현재 난계는 다양성을 살려내야 한다. 색설화와 수채화도 엄연히 다르다. 각각의 계열은 감상하는 기준과 포인트가 모두 다른 데도 편의상 묶어서 획일적으로 심사한다. 이 방식은 난계 발전에 도움이 되지 않는다.

자, 그럼 누가 상을 받을 확률이 높을까? 당연히 잘생긴 원판화가 상을 받을 확률이 높다. 대가들이 난초를 선택하는 기준은 이렇다. 입문자들도 품종을 선택할 때 예를 갖춘 난초만 고집하지 말고 반드시 예쁘고 인상 좋은 난초에 대한 개념을 확실히 해야 한다. 그래야 대회에 나가 원하는 목표를 달성할 수 있다.

24. 프로 작가의 세계로 가는 길

은퇴 후 학원에서 그림을 배우고 자신이 그린 그림으로 조촐하지만 발표회를 하는 경우가 많다. 발표회를 하고 나면 우스갯소리로 서로 "김 화백, 박 화백"이라고 부른다. 서로가 화백이라고 불러도 그분들은 전문가가 아니다. 취미로 즐기는 수준이다. 전공자는 미술 대학을 나와야 한다. 왜 이렇게 구분을 할까. 대학에서 배운 기초와 기본기, 미술사와 미술의 디테일한 기술들은 학원의 수준과 다르기 때문이다.

난초도 미술처럼 국전과 대통령상이 걸린 대회가 있다. 그래서 취미 이상의 전문성을 필요로 한다. 대통령상이 걸린 대회에 주먹구구식으로 기르고 만든 난으로 출전하면 안 되기에 그렇다. 난초의 꽃은 예술성이며 잎은 문화이다. 줄기와 뿌리는 농업이다. 난초로 아름다운 꽃을 피우면 그 꽃이 바로 수작(秀作)이 된다. 난초계는 수작을 향해 모든 시스템이 집중된다. 수작을 가리는 경연장이 대회이다. 대회는 반드시 순위를 가려야 하는 경기다. 출품자는 선수가 된다.

수작을 만들어내려면 많은 기술이 필요하다. 난초에 걸맞는 기술을 적재적소에 적용해야 수작을 만들어낼 수 있다. 그런데도 주먹구구식으로 작품을 만들어 선수로 참여하는 사람이 많다. 난초계가 성장하고 더 발전하려면 선수를 체계적으로 양성하는 교육이 필요하다. 큰 규모의 난 단체나 협회들은 선수를 잘 가르칠 수 있는 프로들을 양성해야 한다. 그래야 수준 높은 수작들이 많아지고 자연스레 난초의 위상도 높아질 것이 분명하다.

다음 표는 어떤 단계를 거쳐 작가의 길로 들어서는지 그 과정을 설명한 것이다. 자신이 어떤 과정에 포함돼 있는지 점검하며 필요한 기술을 습득하도록 해야 한다. 그래야 입문자의 꼬리표를 떼고 프로작가의 세계로 들어서 수작을 만들어낼 수 있기 때문이다.

단계		교육 내용	요소
1	유치원	동양란이나 양란을 부담없이 배양해 꽃피우는 과정	유입 대상, 놀이
2	초등학교	안 죽이고 상작으로 잘 길러내는 것을 배우는 과정	재배생리학
3	중학교	아주 잘생긴(인상 및 관상) 꽃과, 아주 잘생긴 몸매를 가진 잎을 규정하고 구분하는 기술을 배우는 과정	인문학
4	고등학교	알록달록한 색과 무늬를 고급스럽게 덧입히는(세공) 기술을 배우는 과정	유전 육종학
5	대학교	무감점의 완성도 높은 작품으로 만들어내는 기술을 배우는 과정	미술학
6	대학원	앞의 전 과정을 교육시킬 수 있는 수준으로 완성시키는 과정	원예학
7	교수	대학원생을 완벽하게 가르쳐 프로를 양성하는 과정	교육학
8	프로작가	교육 프로그램과 교재를 편찬하고 주기적으로 학기를 운용해 저변확대를 실현하는 기관이나 학교	교육 시스템

| 난초 단계별 교육 내용(이대발 난 아카데미)

　난초로 주업을 삼으려면 2, 3, 4단계를 잘 배워 활용하면 된다. 난초를 부업으로 하려면 2단계만 잘 배워 활용하면 된다. 하지만 작가가 되려면 2, 3, 4, 5단계를 섭렵할 수 있어야 한다.

　난초는 그리 어렵지 않다. 정석대로 배우면 풍요로운 결과와 만족감이 생긴다. 배우지 않고 작품을 만들어 상을 받으려고 하니 여기저기서 잡음이 생기는 것이다. 기본기 없이 자신의 땀이 배어 있지 않은 작품은 수작이 아니라 그저 난초일 뿐이다.

입문자편을 마무리하며

　나의 좌우명은 '기사도'이다. 가급적 부끄럽게는 살지 말자는 뜻으로 20대 초반에 정했다. 먼 훗날 내 인생을 되돌아볼 때 '부끄럽게 살지는 않았다'라고 위안 정도는 해줄 수 있게 살려는 의도였다. 그러다 보니 이쪽저쪽에 부딪치며 좌충우돌했다. 정도(正道)를 걸어보겠다는 언행이 괜한 공명심이라며 지탄의 대상이 되기도 했다. "자기 앞길도 못 닦는 주제에 어딜 나서냐?"는 편잔도 수없이 들었다. 그래도 정도와 정직을 바탕으로 여기까지 왔다.

　"가장 나다운 것이 가장 창의적이다"라고 했던가? 〈기생충〉의 봉준호 감독의 말처럼 나도 나답게 살려고 몸부림쳤다. 하고 싶은 난초 공부는 원 없이 했고, 난계에 꼭 필요하다고 생각하는 일도 서슴지 않고 행하며 지내왔다. 분에 넘치는 공명심에서 시작한 난초 교육이 어느덧 20년을 훌쩍 넘겼다. 1999년 10만 원으로 시작한 이대발 난 아카데미는 전국적으로 소문이 나기 시작했다. 너도 나도 "좋은 교육을 받았다"는 칭찬에 덜컥 책을 쓰겠다고 도전했다. 부끄럽게는 살지 않겠다고 다짐하며 공부하고 익힌 난초 지식, 기술, 경험을 가감 없이 풀어냈다. 부족하지만 이 책이 난초를 가까이하려는 사람들에게 작은 등불의 역할이라도 하게 되기를 기대한다.

　지금 이렇게까지 올 수 있게 옆에서 언제나 독려해준 사랑하는 나의 아내 곽희영에게 먼저 감사의 마음을 전하고 싶다. 사업이 부진할 때 단칸방에서도 웃음을 잃지 말라고 아빠를 위로해준 큰딸 조일, 공부 잘하는 둘째딸 현정, 아버지 가업을 잇겠다는 아들 동현에게도 사랑한다는 말을 전하고 싶다. 내 삶의 이유이자 원동력인 사랑하는 가족이 있어 이 자리까지 올 수 있었다. 친형님과도 같은 나의 스승 정정은 분재나라 대표님에게도 깊은 감사를 드린다.

앙증맞은 소륜화

부록

한국춘란
용어 사전

한국춘란 용어 사전

가구경: 벌브(bulb)나 지하경으로 불리며 난의 줄기에 해당하는 곳.

감: 검은 빛을 띤 푸른빛이라는 뜻. 보통 난 잎보다 진한 녹색을 말함.

거치: 난 잎의 가장자리가 톱니처럼 들쭉날쭉한 상태로 되어 있는 것.

광엽: 잎의 폭이 일반적인 춘란의 잎보다 1.5cm정도가 넓은 것.

권설: 꽃의 설, 즉 혀의 끝부분이 뒤로 말려진 형태.

권엽: 잎 끝부분이 안으로 둥글게 말리는 형태를 말함.

5설 단성 도시소 기화 무심	단성 기화 나팔꽃

기부: 기초가 되는 부분이라는 뜻으로 벌브와 가까운 밑부분을 이르는 말.

기형화: 정상적인 내·외삼판의 형태를 하지 않는 돌연변이. 꽃송이 수, 꽃잎의 수, 입술의 수가 많은 종류를 제일로 침.

나선엽: 꼬인 잎.

낙견: 주 부판이 평견과 삼각견의 중간인 것.

노대: 잎 전체가 노랗거나 갈색으로 변하여 시들기 직전의 잎을 말함.

노촉: 나이가 6~7년생인 것. 중년은 4~5년생, 청년(젊은 것)은 2~3년생이라고 함.

노수엽: 잎의 끝부분이 위로 향하여 이슬을 받을 수 있을 정도로 된 잎의 모양을 뜻함.

녹태소: 초록색 순판(舌).

단엽종: 잎의 길이가 10cm 정도로 짧고 후육에 잔라사가 잘 발달된 품종.

단절반: 호피반의 일종으로 녹색의 바탕색과 황색의 무늬 경계가 또렷한 것.

단성화: 수꽃가루(화분괴)가 없고 비두 자리에 주두만 있는 형태. 주로 기화에서 나타남.

초록색 순판

단절반의 발현 양호

단절반의 발현 미숙

단성화	양성화

대복륜: 복륜 무늬가 아주 넓고 두텁게 기부까지 나타나는 상태.

도시소: 소심 중 바탕색이 한 가지 색으로 통일된 것은 순소심, 혀에 다른 색으로 물들인 듯한 것은 준소심, 도시소는 준소심에 혀 안쪽 부분이 분홍색인 것을 말함.

약한 도시소	강한 도시소

도화: 주, 부판이 엷은 홍색을 띠는 것으로 도홍색을 띠고 있는 상태. 화근이 번져 나타난 것은 도화가 아님. 주로 C급 색상의 엷은 홍화를 도화라고 함.

떡잎: 치마잎 이하의 작은 잎 구조. 액아를 보호할 목적으로 감싸고 나온 잎.

라사지: 라사는 포르투갈 말로 raxa(두텁고 주름이 잘 가지 않는 모직물)를 일본인이 음역하여 양복의 천을 부를 때 썼다. 난초에서는 윤기가 없으며 매끈하지 않고 거친 듯하게 쪼글쪼글한 잎을 뜻함.

립스틱: 설점을 뜻한다.

매판: 꽃잎(주·부판)이 매화꽃잎 모양으로 장타원형으로 생겼다고 하여 붙여진 이름.

모란피기: 꽃잎이 수십 장씩 모여 모란꽃처럼 겹으로 피는 것을 말함.

무설점: 입술에 립스틱만 없고 볼이나 여타에는 화근이 있는 것.

무지: 잎에 백색, 황색 등이 없는 일반적인 초록색의 난 잎을 말함. 민춘란의 잎.

바탕색: 초록색의 잎 색상을 말함.(진한 초록, 초록, 옅은 초록이 있음)

반: 잎에 반의 형태로 무늬가 든 상태를 말함.

반수엽: 잎의 기부(밑부분)에서부터 약간씩 늘어지는 잎을 말함.

반전피기: 주·부판이 뒤로 말리거나 젖혀진 상태를 말함.

반성: 잎에 산반성의 호가 사람의 새치처럼 드문드문 비치거나 보이는 것. 이들은 더 넓고 확연한 호를 기대하는 무늬류.

반합배: 봉심이 10%쯤 겹쳐진 상태. 20% 겹쳐지면 합배라 하여 최고로 침.

발색: 무늬나 색상이 처음에는 미미하다가 점차 진해지는 것.

발호: 호는 잎 끝이 초록색 무늬로 덮여야 하는데 아주 드물게 초록색 모자를 관통한 것.

보습률: 관수 후 다음 물 줄 때까지 분내 난석이 물을 지니는(보관) 양.

복륜화: 복륜 무늬로 피는 꽃. 무늬가 깊으면 심복륜화, 보통이면 복륜화, 얕게 들면 조복륜화라고 함. 무늬색이 홍, 자, 주금색상일 때는 복색화라고 함.

복색화: 줄무늬화계에서 꽃잎에 나타난 줄무늬가 홍, 자, 주금색상일 때를 말함.

배골: 뒷면의 중앙에 튀어나온 주맥을 말함. 잎의 척추.

백 벌브(back bulb): 맨 뒤에 붙어 자라는 벌브를 말함.

백태소(白苔素): 술(설판)이 만개하여도 흰색을 유지하는 소심.

백태순(白苔屑): 술(설판)이 만개하여도 흰색을 유지하는 것.

백화: 화경은 초록색이고 꽃잎만 백색으로 엽록체 변이가 아닌 세포질 변이로 피는 꽃.

벌브: 구슬처럼 되어 있는 난초의 줄기를 말함. 신아, 꽃, 뿌리, 잎이 여기에 붙어 살아감.

병물: 무늬종의 일본 말. 우리나라는 엽예품이라 함.

사자반: 무늬의 상태가 흐려지거나 없어지는 무늬 형태.

사피: 뱀의 무늬를 닮았다고 해서 붙여진 이름으로 녹색의 점들이 무질서하게 찍힌 상태.

산반: 짧은 선들이 섬세하게 연결돼 거칠게 긁힌 듯한 모양.

상작: 난을 아주 잘 기른 상태를 말함. 성장상태가 좋지 않은 것은 하작이라 부름.

수분(受粉): 꽃가루 덩어리가 암술 주두에 부착하는 것.

생강근: 생강을 닮았다고 해서 붙여진 이름으로 난초 종자가 난균의 도움으로 발아하여 형성되는 일종의 지하경을 말함.

생장점: 난 뿌리 끝의 투명한 부분으로 새로운 세포를 만드는 분열조직을 말함.

서: 잎의 빛깔이 녹색보다 연한 것을 말함. 희거나 노랑색에 가까우며 경미한 산반을 동반하면 서산반이

| 홍화기대 서반

| 개화한 서반화

라 부름.

서반: 서가 다소 뭉쳐져 서호반을 닮은 듯하며 신아가 자라면서 무늬가 뭉쳐져 나타남. 홍화를 기대하는 특성으로 누르스름한 얼룩무늬가 엽심을 중심으로 나타났다가 소멸되는 것을 말함.

서사피반: 서반과 사피반이 혼재되어 나타나는 형태로 무늬색의 경계가 흐릿해 사피반을 닮았으나 서반에 가까운 꼴. 대부분 민춘란 꽃이 피며 드물게 서반화가 피기도 함.

서산반: 서반과 산반이 혼재되어 나타나는 형태로 신아가 나올 때 밝은 색상의 백색으로 나오며 차광을 하면 30~50% 수준의 밝은 서산반화가 핌.

서호반: 서반과 호피반이 혼재되어 나타나는 형태로 무늬색의 경계가 흐릿해 호피반을 닮았으나 서반에 가까운 꼴. 대부분 민춘란 꽃이 핌.

선단부: 난 잎과 꽃잎의 끝 부분을 말함.

선반: 산반 무늬가 잎 끝부분에만 집중적으로 나타나는 모양.

선천성: 새 촉이 나올 때부터 무늬를 가지고 나오는 것을 말함.

서호반

서사피반

서산반

설점: 입술(혀)의 표면에 그려진 홍색의 립스틱을 말함. 혀에 점이 없이 깨끗하면 소심이라고 함.

설판: 입술이라고 한다. 난 꽃의 아래쪽 혀 모양으로 된 꽃잎.

세엽: 일반 잎보다 좁고 가는 잎을 말함.

소멸성: 무늬가 점점 없어지거나 희미하게 흔적만 남게 되는 것을 말함.

소심: 설판에 붉은색이나 점이 없는 순색을 말함.

수선판: 꽃받침이 수선화 꽃잎 모양을 닮은 형태.

수엽: 수양버들처럼 상단부가 드리워진 잎의 형태.

수직근: 수평근의 반대 개념으로 수직으로 자란 뿌리.

수평근: 뿌리가 옆으로 자라난 뿌리.

순판: 설판을 뜻하고 lip(입술 순판)이라고 부름.

신아: 금년에 새로 나온 촉을 말하며 새촉 또는 신촉이라 부름.

안아피기: 꽃이 옆으로 벌어지지 않고 봉심을 안듯이 안쪽으로 향해 피는 것을 말함.

액아: 벌브에 붙어 있는 잎눈.

여의설: 혀의 형태가 살이 두껍고 짧으며 혀끝이 위를 향해 약간 들어올려진 것 같은 모습.

운정: 중투나 복륜에서 바탕색과 무늬색이 교차하는 형태. 일본에서는 왕관이라고도 함.

원설: 순판이 짧고 앞부분이 반원 형태로 둥글게 생긴 혀.

| 운정이 얕고 작은 것(중투계)

| 운정이 깊고 큰 것(중압계)

유령: 잎에 엽록소가 전혀 없어 전체적으로 백색이나 황색이 된 것을 말함.

일경구화: 꽃대 한 개에 여러 송이의 꽃이 피는 것.

입엽: 잎이 위로 곧게 뻗은 상태를 말함.

저수량: 관수 시 분내 난석이 물을 지닐(담을) 수 있는 양.

저장양분율: 체내에 보유하고 있는 포도당의 양.

저촉분주법: 1촉씩 쪼개어 생산량을 높이는 기술.

조: 잎 끝에 아주 짧게 나타나는 무늬.(예: 조복륜)

중반: 호가 잎의 가장자리에는 걸리지 않고 잎의 녹색바탕 가운데에 떠 있는 상태를 말함.

중수엽: 잎의 모양이 약간 처진 상태. 굽은 잎이라고도 함.

중압호: 잎 끝 녹색의 모자가 잎 중앙을 향해 누르는 듯이 깊게 씌워져 있는 형태의 무늬.

중투: 잎 가운데에 무늬색이 들어 있는 상태.

천엽: 속장이라고도 하며 난초의 맨 가운데 잎.

축입: 잎 끝에 무늬색이 조의 형태로 들어 있는 모양.

| 복륜형 축입

| 산반형 축입

치마잎: 첫 번째 본엽.(본엽은 엽초와 엽신이 정확히 형성된 것)

치마잎	1.탁엽 2.떡잎 3.치마잎

탁엽: 액아를 보호하기 위해 만들어진 작은 잎. 신아가 다 자라면 갈변함.

투구화: 봉심의 끝부분이 단단히 굳어져 두툼한 살덩이로 되어 있는 개체를 말함.

평견: 꽃잎의 부판이 수평을 이룬 형태. 바로피기라고도 함.

포자: 난초의 씨앗.

포의: 난 꽃봉오리를 감싸고 있는 엷은 껍질(잎).

하화판: 난 꽃잎의 형태가 연꽃 모양으로 되어 있는 형태.

화판형: 주 · 부판의 둥글기(길이 대비 폭의 길이)의 계급 구분을 위한 명칭. 화형과는 다름.

화형: 화형은 꽃 전체의 아름다움을 이르는 말.

합배: 봉심이 기부부터 끝까지 겹쳐 있는 모양.

혀: 중앙부에 드리워 내려진 꽃잎의 하나. 혀의 모양에 따라 여의설, 유해설, 원설, 대보설, 권설 등이 있다.

호: 잎 밑에서 잎 끝으로 잎맥과 나란히 선 무늬가 들어간 형태.

호복륜: 호+복륜의 뜻. 아주 귀함. 중투로 발전하면 복륜은 사라지고 중투가 됨.

호피반: 초록색 잎 바탕에 황색 또는 황백색의 얼룩무늬가 들어 있는 것.

화경: 꽃을 받치고 있는 꽃대.

화통: 꽃잎에 나타날 엽록소 발현을 일부 또는 많이 억제하기 위해 사과 봉지를 씌우듯 꽃에 봉지(통)를 씌우는 것을 말함.

후발성: 자라면서 무늬 또는 색상을 나타내는 것.

후천성: 새싹일 때는 무늬 및 색상이 보이지 않다가 잎이 성장한 뒤 무늬가 점점 나타나는 것.

대한민국 명장이 직접 전수하는
한국춘란 가이드북 입문편

1판 1쇄 발행 2020년 05월 31일
　2쇄 발행 2021년 06월 15일

지은이　　　이대건
펴낸이　　　한승수
펴낸곳　　　문예춘추사

편집주간　　최상호
편집　　　　이상실
마케팅　　　박건원
디자인　　　박소윤

등록번호　　제300-1994-16
등록일자　　1994년 1월 24일
주소　　　　서울시 마포구 동교로27길 53 지남빌딩 309호
전화　　　　02-338-0084
팩스　　　　02-338-0087
이메일　　　moonchusa@naver.com

ISBN　　　978-89-7604-413-6 14520
　　　　　　978-89-7604-412-9 (세트)